NATURKUNDEN

启
蛰

讲述自然的故事

羊

［德］艾克哈德·福尔　著

罗颖男　译

北 京 出 版 集 团
北 京 出 版 社

今天我们为什么还需要博物学？

李雪涛

一

在德文中，Naturkunde的一个含义是英文的natural history，是指对动植物、矿物、天体等的研究，也就是所谓的博物学。博物学是18、19世纪的一个概念，是有关自然科学不同知识领域的一个整体表述，它包括对今天我们称之为生物学、矿物学、古生物学、生态学以及部分考古学、地质学与岩石学、天文学、物理学和气象学的研究。这些知识领域的研究人员称为博物学家。1728年英国百科全书的编纂者钱伯斯（Ephraim Chambers, 1680 — 1740）在《百科全书，或艺术与科学通用辞典》（*Cyclopaedia, or an Universal Dictionary of Arts and Sciences*）一书中附有“博物学表”（Tab. Natural History），这在当时是非常典型的博物学内容。尽管从普遍意义上来讲，有关自然的研究早在古代和中世纪就已经存在了，但真正的“博物学”

（Naturkunde）却是在近代出现的，只是从事这方面研究的人仅仅出于兴趣爱好而已，并非将之看作是一种职业。德国文学家歌德（Johann Wolfgang von Goethe, 1749—1832）就曾是一位博物学家，他用经验主义的方法，研究过地质学和植物学。在18—19世纪之前，自然史——博物学的另外一种说法——一词是相对于政治史和教会史而言的，用以表示所有科学研究。传统上，自然史主要以描述性为主，而自然哲学则更具解释性。

近代以来的博物学之所以能作为一个研究领域存在的原因在于，著名思想史学者洛夫乔伊（Arthur Schauffler Oncken Lovejoy, 1873—1962）认为世间存在一个所谓的"众生链"（the Great Chain of Being）：神创造了尽可能多的不同事物，它们形成一个连续的序列，特别是在形态学方面，因此人们可以在所有这些不同的生物之间找到它们之间的联系。柏林自由大学的社会学教授勒佩尼斯（Wolf Lepenies, 1941—　）认为，"博物学并不拥有迎合潮流的发展观念"。德文的"发展"（Entwicklung）一词，是从拉丁文的"evolvere"而来的，它的字面意思是指已经存在的结构的继续发展，或者实现预定的各种可能性，但绝对不是近代达尔文生物进化论意义上的新物种的突然出现。18世纪末到19世纪，在欧洲开始出现自然博物馆，其中最早的是1793年在巴黎建立的国家自然博物馆（Muséum national d'histoire naturelle）；在德国，普鲁士于1810年创建柏林大学之时，也开始筹备"自然博物馆"（Museum für Naturkunde）了；伦敦的自然博物馆（Natural History Museum）建于1860年；维也纳的自然博物馆（Naturhistorisches Museum）建于1865年。这些博物馆除了为大学的研究人员提供当时和历史的标本之外，也开始向一般的公众开放，以增进人们对博物学知识的了解。

德国历史学家科泽勒克（Reinhart Koselleck, 1923—2006）曾在他著名的《历史基本概念——德国政治和社会语言历史辞典》一书中，从德语的学术语境出发，对德文的"历史"（Geschichte）一词进行了历史性的梳理，从中我们可以清楚地看出博物学/自然史与历史之间的关联。从历史的角度来看，文艺复兴以后，西方的学者开始使用分类的方式划分和归纳历史的全部知识领域。他们将历史分为神圣史（historia divina）、文明史（historia civilis）和自然史（historia naturalis）[1]，而所依据的撰述方式是将史学定义为叙事（erzählend）或描写（beschreibend）的艺术。由于受到基督教神学造物主/受造物的二分法的影响，当时具有天主教背景的历史学家习惯将历史分为自然史（包括自然与人的历史）和神圣历史，例如利普修斯（Justus Lipsius, 1547—1606）就将描述性的自然志（historia naturalis）与叙述史（historia narrativa）对立起来，并将后者分为神圣历史（historia sacra）和人的历史（historia humana）。科泽勒克认为，随着大航海时代的开始，西方对海外殖民地的掠夺和新大陆以及新民族的发现使时间开始向过去延展。到了17世纪，人们对过去的认识就已不再局限于《圣经》记载的创世时序了。通过莱布尼茨（Gottfried Wilhelm Leibniz, 1646—1716）和康德（Immanuel Kant, 1724—1804）的努力，自然的时间化（Verzeitlichung）着眼于无限的未来，打开了自然有限的过去，也为人们历史地阐释自然做了铺垫。

---

1 不论在古代，还是中世纪，拉丁文中的“historia”既包含着中文的“史”，也有“志”的含义，而在“historia naturalis”中主要强调的是对自然的观察和分类。近代以来，特别是18世纪至19世纪，“historia naturalis”成为了德文的“Naturgeschichte”，而“自然志”脱离了史学，从而形成了具有历史特征的“自然史”。

到了18世纪，博物学（Naturkunde）慢慢脱离了史学学科。科泽勒克认为，赫尔德（Johann Gottfried Herder, 1744—1803）最终完成了从自然志向自然史的转变。

二

尽管在中国早在西晋就有张华（232—300）十卷本的《博物志》印行，但其内容所涉及的多是异境奇物、琐闻杂事、神仙方术、地理知识、人物传说等等，更多的是文学方面的“志怪”题材作品。其后出现的北魏时期郦道元（约470—527）著《水经注》、贾思勰著《齐民要术》（成书于533—544年间），北宋时期沈括（1031—1095）著《梦溪笔谈》等，所记述的内容虽然与西方博物学著作有很多近似的地方，但更倾向于文学上的描述，与近代以后传入中国的“博物学”系统知识不同。其实，真正给中国带来了博物学的科学知识，并且在中国民众中起到了科学启蒙和普及作用的是自19世纪后期开始从西文和日文翻译的博物学书籍。

尽管“博物”一词是汉语古典词，但“博物馆”“博物学”等作为“和制汉语”的日本造词却产生于近代，即便是“博物志”一词，其对应上“natural history”也是在近代日本完成的。如果我们检索《日本国语大辞典》的话，就会知道，博物学在当时是动物学、植物学、矿物学以及地质学的总称。据《公议所日志》载，明治二年（1869）开设的科目就有和学、汉学、医学和博物学。而近代以来在中文的语境下最早使用“博物学”一词是1878年傅兰雅《格致汇编》第二册《江南制造总局翻译系书事略》:“博物学等书六部，计十四本。”将“natural history”翻译成“博物志”“博物学”，是在颜惠庆（W. W. Yen, 1877—1950）于1908年出版的《英华大辞典》中。这部辞典是以当时日本著名的《英和辞典》为蓝本编纂的。据日本关西大学沈国威教授的研究，有关植物学的系统知识，实际上在19世纪中叶已经介绍到中国和使用汉字的日本。沈教授特别研究了《植学启原》（宇田川榕庵著,1834）与《植物学》（韦廉臣、李善兰译，1858）中的植物学用语的形成与交流。也就是说，早在“博物学”在中国、日本被使用之前，有关博物学的专科知识已经开始传播了。

三

这套有关博物学的小丛书系由德国柏林的Matthes & Seitz出版社策划出版的。丛书的内容是传统的博物学，大致相当于今天的动物学、植物学、矿物学，涉及有生命和无生命，对我们来说既熟悉又陌生的自然。这些精美的小册子，以图文并茂的方式，不仅讲述有关动植物的自然知识，并且告诉我们那些曾经对世界充满激情的探索活动。这套丛书中每一本的类型都不尽相同，但都会让读者从中得到可信的知识。其中的插图，既有专门的博物学图像，也有艺术作品（铜版画、油画、照片、文学作品的插图）。不论是动物还是植物，书的内容大致可以分为两个部分：前一部分是对这一动物或植物的文化史描述，后一部分是对分布在世界各地的动植物肖像之描述，可谓是丛书中每一种动植物的文化史百科全书。

这套丛书是由德国学者编纂，用德语撰写，并且在德国出版的，因此其中运用了很多"德国资源"：作者会讲述相关的德国故事［在讲到猪的时候，会介绍德文俗语"Schwein haben"（字面意思是：有猪，引申义是：幸运），它是新年祝福语，通常印在贺年卡上］；在插图中也会选择德国的艺术作品［如在讲述荨麻的时候，采用了文艺复兴时期德国著名艺术家丢勒（Albrecht Dürer, 1471—1528）的木版画］；除了传统的艺术之外，也有德国摄影家哈特菲尔德（John Heartfield, 1891—1968）的作品《来自沼泽的声音：三千多年的持续近亲繁殖证明了我的种族的优越性！》——艺术家运用超现实主义的蟾蜍照片，来讽刺1935年纳粹颁布的《纽伦堡法案》；等等。除了德国文化经典之外，这套丛书的作者们同样也使用了对于欧洲人来讲极为重要的古埃及和古希腊的例子，例如在有关猪的文化史中就选择了古埃及的壁画以及古希腊陶罐上的猪的形象，来阐述在人类历史上，猪的驯化以及与人类的关系。丛书也涉及东亚的艺术史，举例来讲，在《蟾》一书中，作者就提到了日本的葛饰北斋（1760—1849）创作于1800年左右的浮世绘《北斋漫画》，特别指出其中的"河童"（Kappa）也是从蟾蜍演化而来的。

从装帧上来看，丛书每一本的制作都异常精心：从特种纸彩印，到彩线锁边精装，无不透露着出版人之匠心独运。用这样的一种图书文化来展示的博物学知识，可以给读者带来独特而多样的阅读感受。从审美的角度来看，这套书可谓臻于完善，书中的彩印，几乎可以触摸到其中的纹理。中文版的翻译和制作，同样秉持着这样的一种理念，这在翻译图书的制作方面，可谓用心。

四

自20世纪后半叶以来，中国的教育其实比较缺少博物学的内容，这也在一定程度上造成了几代人与人类的环境以及动物之间的疏离。博物学的知识可以增加我们对于环境以及生物多样性的关注。

我们这一代人所处的时代，决定了我们对动植物的认识，以及与它们的关系。其实一直到今天，如果我们翻开最新版的《现代汉语词典》，在“猪”的词条下，还可以看到一种实用主义的表述：“哺乳动物，头大，鼻子和口吻都长，眼睛小，耳朵大，四肢短，身体肥，生长快，适应性强。肉供食用，皮可制革，鬃可制刷子和做其他工业原料。”这是典型的人类中心主义的认知方式。这套丛书的出版，可以修正我们这一代人的动物观，从而让我们看到猪后，不再只是想到“猪的全身都是宝”了。

以前我在做国际汉学研究的时候，知道国际汉学研究者，特别是那些欧美汉学家们，他们是作为我们的他者而存在的，因此他们对中国文化的看法就显得格外重要。而动物是我们人类共同的他者，研究人类文化史上的动物观，这不仅仅对某一个民族，而是对全人类都十分重要的。其实人和动植物之间有着更为复杂的关系。从文化史的角度，对动植物进行描述，这就好像是在人和自然之间建起了一座桥梁。

拿动物来讲，它们不仅仅具有与人一样的生物性，同时也是人的一面镜子。动物寓言其实是一种特别重要的具有启示性的文学体裁，常常具有深刻的哲学内涵。古典时期有《伊索寓言》，近代以来比较著名的作品有《拉封丹寓言》《莱辛寓言》《克雷洛夫寓言》等等。法国哲学家马吉欧里（Robert Maggiori, 1947— ）在他的《哲学家与动物》（*Un animal, un philosophe*）一书中指出："在开始'思考动物'之前，我们其实就和动物（也许除了最具野性的那几种动物之外）有着简单、共同的相处经验，并与它们架构了许许多多不同的关系，从猎食关系到最亲密的伙伴关系。……哲学家只有在他们就动物所发的言论中，才能显现出其动机的'纯粹'。"他进而认为，对于动物行为的研究，可以帮助人类"看到隐藏在人类行径之下以及在他们灵魂深处的一切"。马吉欧里在这本书中，还选取了"庄子的蝴蝶"一则，来说明欧洲以外的哲学家与动物的故事。

五

很遗憾的是，这套丛书的作者，大都对东亚，特别是中国有关动植物丰富的历史了解甚少。其实，中国古代文献包含了极其丰富的有关动植物的内容，对此在德语世界也有很多的介绍和研究。19世纪就有德国人对中国博物学知识怀有好奇心，比如，汉学家普拉斯（Johann Heinrich Plath, 1802—1874）在1869年发表的皇家巴伐利亚科学院论文中，就曾系统地研究了古代中国人的活动，论文的前半部分内容都是关于中国的农业、畜牧业、狩猎和渔业。1935年《通报》上发表了劳费尔（Berthold Laufer, 1874—1934）有关黑麦的遗著，这种作物在中国并不常见。有关古代中国的家畜研究，何可思（Eduard Erkes, 1891—1958）写有一系列的专题论文，涉及马、鸟、犬、猪、蜂。这些论文所依据的材料主要是先秦的经典，同时又补充以考古发现以及后世的民俗材料，从中考察了动物在祭礼和神话中的用途。著名汉学家霍福民（Alfred Hoffmann, 1911—1997）曾编写过一部《中国鸟名词汇表》，对中国古籍中所记载的各种鸟类名称做了科学的分类和翻译。有关中国矿藏的研究，劳费尔的英文名著《钻石》（*Diamond*）依然是这方面最重要的专著。这部著作出版于1915年，此后门琴–黑尔芬（Otto John Maenchen-Helfen, 1894—1969）对有关钻石的情况做了补充，他认为也许在《淮南子》第二章中就已经暗示中国人知道了钻石。

此外，如果具备中国文化史的知识，可以对很多话题进行更加深入的研究。例如中文里所说的"飞蛾扑火"，在德文中用"Schmetterling"更合适，这既是蝴蝶又是飞蛾，同时象征着灵魂。由于贪恋光明，飞蛾以此焚身，而得到转生。这是歌德的《天福的向往》（*Selige Sehnsucht*）一诗的中心内容。

前一段时间，中国国家博物馆希望收藏德国生物学家和鸟类学家卫格德（Max Hugo Weigold，1886—1973）教授的藏品，他们向我征求意见，我给予了积极的反馈。早在1909年，卫格德就成为了德国鸟类学家协会（Deutsche Ornithologen-Gesellschaft）的会员，他被认为是德国自然保护的先驱之一，正是他将自然保护的思想带给了普通的民众。作为动物学家，卫格德单独命名了5个鸟类亚种，与他人合作命名了7个鸟类亚种。另有大约6种鸟类和7种脊椎动物以他的名字命名，举例来讲：分布在吉林市松花江的隆脊异足猛水蚤的拉丁文名字为*Canthocamptus weigoldi*；分布在四川洪雅瓦屋山的魏氏齿蟾的拉丁文名称为*Oreolalax weigoldi*；分布于甘肃、四川等地的褐顶雀鹛四川亚种的拉丁文名为*Schoeniparus brunnea weigoldi*。这些都是卫格德首次发现的，也是中国对世界物种多样性的贡献，在他的日记中有详细的发现过程的记录，弥足珍贵。卫格德1913年来中国进行探险旅行，1914年在映秀（Wassuland，毗邻现卧龙自然保护区）的猎户那里购得“竹熊”（Bambusbären）的皮，成为第一个在中国看到大熊猫的西方博物学家。卫格德记录了购买大熊猫皮的经过，以及饲养熊猫幼崽失败的过程，上述内容均附有极为珍贵的照片资料。

东亚地区对丰富博物学的内容方面有巨大的贡献。我期待中国的博物学家，能够将东西方博物学的知识融会贯通，写出真正的全球博物学著作。

2021年5月16日

于北京外国语大学全球史研究院

目录

肖像

孤独的树

当我们搭乘牧羊人的皮卡车颠簸在勃兰登堡的沙路上的时候，他对我们说：“一只狼在那边的树林里睡觉。”一大早他就打电话给我，说必须要驱赶羊群了。他想让我见识一番，如何和牧羊犬还有新来的专门用来护送羊群的猎犬一起驱赶羊群，因为对他来说，无忧无虑的、没有狼的时节已然过去了。羊群如何应对狼的回归，是我长久以来研究的主要问题。我不仅是一名几十年来报道德国政治和文化的记者，还是一名猎人和终身护林员，于我而言，狼在中欧文化区的回归是一件影响力完全可以与柏林墙倒塌相提并论的重大事件。多年以来，狼一直是我工作的重点课题之一。通过狼，我找到了牧羊人作为狼群回归最主要的相关人，然后又通过牧羊人找到了绵羊。我不得不承认，我一直只把绵羊看作一群毛茸茸的潜在受害者。当我一点一点了解了少许关于羊的知识，并在羊群那里花费了不少时间后，我慢慢明白，小小的绵羊真的藏了太多令人着迷的故事。牧羊人对此有着直观的认识。他们努力工作，是的，他们一年四季和羊群“共同呼吸”。牧羊人直接参与了畜牧业的基础新陈代谢，这一过程今天仍然塑造着风景、创造着文化模式，就连大都市的居民也在对大自然的感知中以其为指导。在我们看来，绵羊的相关产业在经济上似乎已经边缘化了。但是，绵羊在文化上依然具有重要的地位。讽刺的是，狼群现在让我们想起的偏偏是我们在绵羊那里拥有的东西。当我坐着牧羊人的皮卡车前往边区牧场时，这个问题一直萦绕在我脑中。300只绵羊妈妈和它们的小羊羔焦急地等待着被赶到新的草地上去。在它们的咩咩叫声中我听到了诉求，它们多么想得到哪怕仅有一次的相称的赞赏，多么渴求从受害者的角色中解脱出来。现在，我想满足它们的诉求。坐皮卡车出行的经历非常棒，特别是车里能闻到公羊和淋湿的牧羊犬的气味。这种气味带给我一种幸福感。但是，想要接近羊群，并非何时何地都得开一辆四轮车，甚至我们可以不穿胶鞋。

走进羊群的旅行始于柏林博物馆岛上的旧国家美术馆，在那里我进入了卡斯帕·大卫·弗里德里希（Caspar David Friedrich）的世界。身为绝对浪漫主义者的他并非主要以动物画而知名。一只猫头鹰、一群乌鸦、两只天鹅——全都是耀眼的鸟类——这种他非主要作品中的搭配会赋予某个主题以特殊的意义。他的主要作品由风景、灯光、建筑和人物组合而成，人们在其中难以找到动物的元素。不管是狗、猫、马还是牛，弗里德里希都无法将其创作成充满思想内涵的画作。只有一幅画例外，取名为《孤独的树》（*Der einsame Baum*）。此画以“晨曦的乡村风光”和“哈尔茨山美景”著称。1822年，弗里德里希创作出此画及其姊妹篇《海上生明月》（*Mondaufgang am Meer*）。这对“姐妹画”相得益彰，相邻悬挂在国家美术馆的墙上。两幅画的买主是商人约阿希姆·威廉·瓦格纳（Joachim Wilhelm Wagener），其后人将他的全部藏品赠送给了普鲁士国王。这次捐赠基本奠定了国家美术馆的基石，也标志着羊群正式进入普鲁士的文化地界。

站在《孤独的树》画前，人们可能不会一眼看到其中的羊群，当然，绵羊的数量并不太多。我数了数，一共有24只，也可能多一两只或少一两只。牧羊人拄着牧杖、靠在粗壮的树干旁边，羊群紧紧地簇拥在他的周围，并且相互躲藏。在画的背景深处可以观察到，羊群逐渐分散到远处的河谷去了。从构图的细节来看，弗里德里希运用的完全是现实主义的手法。

如果深入阐述这幅作品，必然不会错过题目中的“树”，

没有绵羊，画家将身处森林。卡斯帕·大卫·弗里德里希，《孤独的树》，1822 年

那是一棵年老的、损毁的橡树，很可能多年以来屡次遭受雷电的袭击。它光秃秃的、折断了的树冠伸向蓝天。但是，这棵树并没有完全枯死。新长出的绿芽展现着它顽强的生命力。人们可以在整棵树的枝杈上看到一个十字架。橡树作为日耳曼人的生命之树，已经成为基督教中复活的象征。这一希望的象征倔强地连接着天空和大地。蓝色的山峰构筑了这幅作品中最深处的背景，一个小村落和教堂的尖塔紧紧依偎在山的脚下。太阳似乎马上就要从山后升起，紧接着，羊群不会

继续待在背阴处吃草。这是唱颂《诗篇》第23篇的时刻：上帝是我的牧羊人，因此我什么都不缺。

弗里德里希所画的并非一个随意的、想象中的风景。画中的风景可以追溯到他多年前在巨人山脉和梅克伦堡游历时创作的速写中去。在现实中，弗里德里希目睹过山和河谷的景色，并且直观地认为，羊群是融合于其中的。如果没有羊，就不会有河谷的存在。没有羊，树也不会孤独，因为它将年复一年地播撒大量的种子。事实上，画家再也看不到这棵橡树的风景了，因为它已经被其他蓬勃生长的树所包围。这和牧羊人的一个同事 —— 村里的养猪户有关，因为他在橡树所在的位置建造了一个存放饲料的棚子。猪吃完后仍会发芽的东西羊则会将之完全吃掉。在弗里德里希眼中，是羊群使这里的风景保持一种开放的状态，这让他感受到一种意义。如此看来，羊群是真正的“意义贡献者”。羊群证明了其价值不仅在于没有任何过高的需求却为人类提供羊肉和羊毛，而且在于通过其新陈代谢、其纯粹的存在产生的一种形而上的剩余价值。吃草的羊群为风景的美学化或精神化创造了条件。

《孤独的树》这幅画传递出一种深沉的宁静氛围。矮小的牧羊人作为远处河谷中唯一的人嵌入并隐藏在风景当中。他和他的羊群共同成为自然的一部分。在这一庄严而静止的创作秩序中，所有的物和人都自然而然地找到了各自相应的位置。此画和《海上生明月》对比形成的反差非常大。后者的构图突出一种紧绷的张力。两个妇女和一名男士，三个人明显都是城里人的穿着，一起坐在一块大岩石上，望着大海，有两艘帆船正驶向岸边。两个妇女紧紧依偎在一起，男人和她们分开。三个人物之间互相是什么关系，我们不得而知。尽管他们被安排成为一组人物，但是看起来却是散开的，甚至相互孤立的。不难理解，两艘船被视为生命旅程的象征，旅程将在傍晚时分到达它的终点。这两个妇女和那个男士似乎尚未与这个旅程构成一种恭顺的和睦关系。他们的形容动态就好像自己从外部观赏一部戏剧。通过生硬的交叉关系，他们诠释着自己的观众角色。他们好像期待着什么，但同时，又缺少了一些重要的东西。或许他们期待且缺少的，正是牧羊人在另一幅画中可以完全称之为其所有物的羊群和内心的平静。

与两百多年前弗里德里希同时代的人相比，今天的我们可能更容易将绵羊和内心平静两者联系在一起。那时的人，即使是城市居民也一定会把乡下贫困、脏乱的经历和情景与

牧羊人亚伯被他的兄弟农夫该隐杀害，因为上帝对亚伯所献祭品的评价高于对该隐自己所献祭品的评价。托比亚斯·萨德勒一世（Tobias J. Sadeler I）根据克里斯宾·凡·登·布洛克（Crispin van den Broeck）所作，1577 年

绵羊联系在一起。在城市，饲养绵羊、山羊或猪等牲畜的场所环境不会风景如画，这是显而易见的。但是在现代化的初期阶段，在政治和经济变革高度紧张的时代，随着纺织业的不断扩张，绵羊作为羊毛的提供者产生了巨大的经济意义，同时，理智的农业革命者对理想化的育种也产生了兴趣，绵羊不仅应该有实际用途，还应该给予人安慰。在牧羊人放牧着咩咩叫的羊群吃草的时代，世界还保持着秩序，还没有发生什么起义、解体和暴动，然而理智的观察者不得不承认，这一牧歌式的场景必然和当时纺织业的崛起有着密切的关系。尽管如此，时至今日，每个人都能从时代的进深中发现眼前场景最初的样貌。虽然农夫该隐杀死了他的兄弟——牧羊人亚伯，但是亚伯并未真正死去。在现实中和幻想中，即使在工业高度发达的地区，他继续在人们身边赶着羊群前行。

牧羊业在中欧一带没有特别重要的经济作用，在农业经济中也处于利润阶梯的底端。绵羊的数量在过去二十年间大幅减少，与此同时，许多从事牧羊业的企业也在生存竞争中渐渐败下阵来。尽管如此，没有人愿意为绵羊和牧羊人吟唱终曲。实际的情况恰恰相反：政界、协会组织和媒体一直致力于集约的放牧经济，通过牧羊保护自然环境，环保地生

羊毛产品的基础：绵羊沉着冷静地忍受着人类的苛求

产肉类、奶和奶酪。可惜的是，今天原材料的价格难以覆盖生产成本。只要你对“绵羊”这个题目感兴趣，就几乎每天都可以在电视、报纸、杂志和互联网上找到相关的报道，例如年轻女性成为了牧羊人。年长男性更是经常从事和绵羊相关的工作。德国州立绵羊饲养协会联合会，即牧羊人和畜牧业者的联合总会的网址是www.schafe-sind-toll.com。谁知道呢？或许处在后工业时代的绵羊拥有一个宏伟的未来，作为城市中背井离乡的居民的生存支撑。

无论如何，绵羊凭借令人惊叹的平静，忍受着对它物质上、精神上和情感上的剥削。尽管如此，至少在欧洲，绵羊得以避免被极端地伤害和虐待。它既没有经受突如其来的价值丧失，比如类似20世纪初动力化影响下丧失价值的马，也没有彻底沦落为纯粹的生产机器，就像现代化时期的奶牛或肉猪。因此，我们不应该仅喜爱烤羊羔那美妙的香味，而且应该把烤羊羔和这种意识联系起来，即它的生产很有可能比猪排的生产更加“自然”“合理”。在更重视生态正确的城市中产阶层的核心住宅区，羊羔肉还可以端上餐桌供人品尝；这些地方远离农业和畜牧业，能够更加容易、明确地表达人们在伦理上的诉求。

在人们对美好和正确生活方式的永不停息的追求中，总会遇到羊，除非从一开始就回避诸如“生态”或“可持续性”等词的视阈，并且剥夺对基督教世界观的解释空间。让我们追随这一自人类文明早期以来就一直温暖我们身心的动物的足迹吧。追随绵羊的旅行者总是绕不开绵羊的两副面孔。绵羊固然塑造了远古的畜牧文化和牧人式的田园生活，但同时也成为工业现代化的探路者。小羊羔常作为善于忍耐的牺牲品躺在屠宰台上。然而，在世界末日，它战胜了黑暗的力量。就像绵羊在河谷里安静地吃草一样，它总能让人感到意外。

野生亲属关系

来自塞浦路斯的1分、2分或5分欧元硬币在欧洲的现金流通中并不常见，在面包店换零钱时能够碰到一枚的概率也是相当低的。如果有绵羊爱好者遇到这罕见的好运，一定要保存好这些硬币。塞浦路斯曾为欧洲盘羊（Mufflon）——家养绵羊的祖先设立一座纪念碑。硬币上的装饰图案是两个壮实的带角羊头。当人们思索欧洲文明 —— 当然不只是欧洲文明 —— 要感谢绵羊什么的时候，会发现很难想到什么大事件，恰如我们很难听到那些硬币的叮当声。但是无论如何，地中海东部的小岛国塞浦路斯已经认识到，我们和绵羊的联系应该更加亲密和珍贵。

在人们回答人和羊如何、为什么走到一起的问题之前，必须先观察一下绵羊的野生亲属关系，此时便难以避免会产生某种程度的困惑。这种困惑甚至分裂了整个学术界。动物学家的统一观点是，绵羊，包括羊属的所有动物，在所有的有角动物中分布范围是最广的。其聚集地从撒丁岛和科西嘉岛出发，穿越西亚和中亚，一直到达北美和墨西哥西侧。它们能够攀登至海拔6000米的高山地区，而且更习惯在山区生活，但同时也可能出现在沙漠地带。它们具备极强的适应能力和易于满足的性格，这对于人类从它们身上汲取利益而言是非常重要的。

至于其他的问题，比如可以将野生绵羊分为几种类型，以及如何区分各种类型之间的异同，我们可以得到若干种答案，就像这一领域出版的著作一样多到数不清。

对此人们可以简化处理，将绵羊视为一个独有的种类，较之其他羊属动物，它保持野生状态的数量更多，但同时以驯养的形式存在。这个简化的答案意味着，虽然当今存在的不同绵羊品种之间可能差异巨大，但它们却能够互相交配并生育大量的后代。这一点已经通过饲养实验得以证实。绵羊，无论是温和的欧洲盘羊，还是落基山脉的野生大角羊（Dickhornschaf），至少在理论上建构了一个繁殖群落，并由此满足了定义一个物种的核心标准。

如此看来，家养绵羊源自野生羊的观点似乎简单明了且正确无误，这已经不存在任何争议。尽管如此，还是有必要对绵羊加以区分。新石器革命，即农业和畜牧业的出现在遗传学、历史学和地理学上都说明并非野生绵羊的所有品种都可能是家养绵羊的祖先，而只有我们称之为欧洲盘羊的品种才有这个可能性。欧洲盘羊从前至今都生活在肥沃的新月沃地，即遍及从地中海沿岸东部，跨越土耳其亚洲部分南部、叙利亚和伊拉克直至波斯的地带。就欧亚大陆来说，这一地区在一万年之前是新石器革命的热点区域，同样也是驯养野生动物和植物的地带。欧洲盘羊和家养绵羊的染色体对正好相互吻合。其他的野生绵羊种类则没有这种情况。除了地理学和历史学，遗传学也证明了家养绵羊的祖先是欧洲盘羊。

在观察家养绵羊多种多样的野生亲属关系时，不应为分类学的精密性所困扰。在分类学领域里，动物学家还在用传统的"手艺"区分绵羊的种和亚种，近些年来仍在这项工作中来回往复。威尔逊（Don E. Wilson）和里德（DeeAnn M. Reeder）在2005年出版的《世界哺乳动物物种》（*Mammal Species of the World*）中把羊分为5个种，而2011年由格罗夫斯（Colin Groves）和格拉布（Peter Grubb）出版的《蹄类动物分类法》(*Ungulate Taxonomy*)则把羊分为20个种。亚种向上归为种，反之种向下分成亚种。目前，人们基本是以地理分布为划分标准。按照分布位置的不同，除了欧洲盘羊，绵羊还包括5种能够明显区分开来的野生种。

北美西部到墨西哥一带居住着大角羊

欧洲盘羊东边的邻居是东方盘羊（Urial），也被称为西伯利亚草原羊（Steppenschaf）、阿卡尔羊（Arkal）或圆角羊（Kreishornschaf）。它们生活在中亚西部，从土耳其亚洲部分东部起，跨越伊朗北部、土库曼斯坦、阿富汗，直至中国西藏西部。东方盘羊体形比欧洲盘羊略大，非常茂密的颈毛和胸毛是其最明显的标识。东方盘羊现存数量仅约4万只，因此被划定为濒危物种。

中亚高原地区是盘羊(Argali）即大野羊（Riesenwildschaf）的王国。雄性盘羊的体形能够达到小马驹的大小，故而所有其他种类的绵羊与盘羊相比，都如小矮人一般。一只小体形的绵羊，比如一只斯库德（Skudde）绵羊，可以毫不费力地从一只盘羊身下穿过去。公羊螺旋状的角长度超过一米半。盘羊还有数量庞大、各不相同的亚种。这一部分是因为分类学，更多是狩猎旅行的原因——亚种越多，记录的可能性就越大。对于以获得战利品为目的的猎人来讲，盘羊就像是绵羊中的劳斯莱斯。如果战利品狩猎在可控制的条件下进行，对野生物种的数量还是非常有益的。然而，很难保证盘羊生活的所有地方都有能正常运转的狩猎系统，因此仍然需要进行监管，使狩猎的数量受到约束。过度狩猎和非法狩猎势必会减少盘羊的现有数量。在放牧家养绵羊的地区，瘟疫对野生绵羊群体构成了威胁。大野羊的总体数量估计达到8万只。

在西伯利亚东北部生活着雪羊（Schneeschaf）。它是白令海峡另一端的美洲野羊的过渡品种。然而，它名不符实——颜色不是白的，而是灰褐色。冬季，雪羊皮毛的颜色会变亮一些。

与之形成鲜明对比的是亮白色的白大角羊（Dall-Schaf），即美洲雪羊。它们大量聚集在阿拉斯加山区和加拿大西北部山区。如果你有机会行驶在阿拉斯加高速公路上并穿越加拿大育空河流域的克鲁恩国家公园，一定要在绵羊山脚下驻足片刻。只要准备一个好用的望远镜，就能在这里观察到散布在克鲁恩湖岸到陡峭山间牧场里的白大角羊。在其分布区域的南部，还能找到白大角羊的一个亚种，呈深灰色，名叫石羊（Stone-Schaf）。

在北美西部其他地区及南至墨西哥的区域里，还居住着，准确地说是居住过大角羊。19世纪随着白人拓荒者在美国西部的开拓进程，大角羊的数量从几百万只急剧跌至仅6万只。这场几乎可以说是族群灭绝的事件应当归咎于过度狩猎和畜牧业者的经济利益。在那之后，大角羊的数量虽没有发生显著的增长，但是逐渐趋于稳定。大角羊和白大角羊从来没有经历任何驯化的尝试。盘羊和东方盘羊也许在驯化史的初期发挥了作用，但是它们的踪迹已经难以寻觅了。对于新石器时代的人类而言，驯化自欧洲盘羊的绵羊被证明是最成功的食用动物。欧洲盘羊是最重要的野生绵羊品种。它作为最受欢迎的禁猎野生动物经常出现在禁猎区或动物园。不过，自从20世纪初世界各地以“丰富猎场内容”的名义将欧洲盘羊用于猎捕以来，在中欧的自由猎场便有机会看到它。

作为这些动物的家乡和最后的回归地，人们总会提到地

中亚高原山区是盘羊即大型野生绵羊的王国

中海岛屿撒丁岛和科西嘉岛。问题在于，追溯已经有绵羊在地球上生存的古代时期，这些羊是如何到达小岛上的，因为众所周知，这些岛屿从未和欧洲大陆相连过。因此，很有可能是有人将绵羊带上了岛，也就是说，从一开始人类就已经染指了游戏过程。换言之，对于“我们的”欧洲盘羊是不是一种真正意义上的野生动物，以及我们能否从它们身上真正

东方盘羊，也被称为圆角羊，生活在从土耳其亚洲部分东部起，至中国西藏西部的地带

认识到当今家养绵羊的原始种类，都是留有讨论空间的。一部分人会把欧洲盘羊视为一种野生物种，另一部分人则认为它们是驯化后的早期类型，有可能短时间内便会恢复野性。按照后者的理解，欧洲盘羊的种群地位最早常常与澳大利亚野狗（Dingo）相提并论，后者作为家养狗是由古代早期的航海家带到澳洲大陆上的。

自从狼重新进入中欧猎场以来，关于欧洲盘羊的争论急剧升温。狼群出没的地方，羊就时日无多了。问题在于，人们是否应该出于种群保护的考虑干预这场生存游戏，还是应该放任它们回归自然，去解决由人类造成的复杂关系。这种对种群保护实践的选择并不是完全清晰的，正如下文这个德国下萨克森州森林区戈尔德的例子所说明的。

狼群不应该因为持续捕猎放牧区中的欧洲盘羊而受到责备。在狼的眼里，欧洲盘羊的个头非常合适。即使单枪匹马，狼也可以几乎毫无风险地征服一只欧洲盘羊，但如果换成鹿或者野猪，情况就不一样了。狍子虽然很小，以至于一只狼足以轻松地应对，但前提是狼必须一下子抓住小狍子，这一招在对付警惕、机灵的动物时并没有那么容易。狼付出努力而换取的回报常常是微小的。

欧洲盘羊有着比狍子更大的生物量，因此更容易被捕获。当狼靠近时，欧洲盘羊的反应显得缺乏头脑。它们会先跑一小段，停下来站一会儿，然后聚集在一起，接着再跑。它们完全不知道到底往哪里跑，至少在中欧大平原是这样的。就像所有的野生绵羊一样，欧洲盘羊也栖息在险峻的山区。一旦天敌靠近，它们就会躲到陡峭的山崖斜面碰运气，狼群便无法再跟上它们了。但是，山崖斜面在德国北部低地极为罕见，在中等高度的山脉也很稀少。一只公羊和一头狼决斗的情况时有发生，但是公羊几乎无法决定自己的命运。因此，狼群在中欧地区的回归意味着欧洲盘羊在那里的终结。例如在最早有狼群重新定居的德国劳齐茨山区，没过几年，猎人口中的“野生盘羊”就销声匿迹了。

捕食者在一百五十年后重新回到它们祖先的地盘，终结了欧洲盘羊在当地持续百年之久的客场演出。欧洲盘羊之所以逐渐丧失了野性，就是因为它们的天敌狼和猞猁灭绝已久。

中欧地区欧洲盘羊的数量基础差不多是在20世纪初奠定的。对绵羊来说最佳的环境是撒丁岛和科西嘉岛，据说岛上依然保留着欧洲野生绵羊的所谓“纯种”种群，因为岛上既没有狼，也没有猞猁或熊。但是，有时也会发生家养绵羊和野生种配种的情况。作为猎物和自由圈养动物，这种进口动物的后代成为全中欧市场的热门交易品。欧洲盘羊的遗传学状况之上蒙着一层厚厚的面纱。现在，狼群的回归可能导致这层面纱再也不会被揭开了。

人们可以观察喜爱狼群的环保者主张的是什么观点，并将其交给大自然去检验。但是，这并不容易。根据世界自然保护联盟（IUCN）的分级，源自撒丁岛和科西嘉岛的欧洲盘羊被划为濒危野生物种。一方面，欧洲盘羊被偷猎的数量惊人；另一方面，其数量常常和放养的家养绵羊掺杂在一起来计算。在撒丁岛和科西嘉岛上已经没有“纯种”的欧洲盘羊了，只有在德国易北河畔吕肖-丹嫩贝格县的戈尔德——一个看起来完全不像野生绵羊栖息地的森林区，还可以看到它们的身影。这片森林曾是皇家领地。为了取悦威廉二世，汉堡商人奥斯卡·泰斯多尔夫（Oscar L. Tesdorpf）于1903年在当地放养了一些撒丁岛和科西嘉岛的欧洲盘羊。从这个时间点开始，它们的发展和变化被完整地记录下来。根据记录，没有发生欧洲盘羊与其他有着壮观的角的绵羊品种杂交的情况。因此，撒丁岛和科西嘉岛的血统得以在易北河畔完整地保存下来。现在，回归下萨克森州的狼群正津津有味地享用着绵羊大餐。在哥廷根和德累斯顿野生生物学研究院的一份调查报告中，针对上述变化过程抛出了一个问题，就是欧洲盘羊作为唯一的欧洲野生绵羊可能会不可逆地丧失遗传多样性。科学家们对此建议，应尽可能掌握戈尔德欧洲盘羊野生数量的数据，并将它们控制在野生区护栏的范围之内，以确保其珍贵的基因库免受狼群的侵扰。需要强调的是，这种方

欧洲盘羊是家养绵羊的野生原始种类，在欧洲许多地方都失去了野性

法并非以保存欧洲过往一个世纪里人为建构的欧洲盘羊的野生存量为目的。这一切是由狼群来决定的。拯救物种的工作其实应该交由下萨克森州的林务员来负责。他们一定程度上承担了全球物种保护方面的官方职能。然而，实践证明这种方法实施起来是极其困难的，到2016年春季，才取得成功。

如果成功掌握约200只戈尔德欧洲盘羊中的绝大部分的行踪，会有什么用呢？首先可以确保这一群体数量的稳定。另外，可能给我们一些新的启发，比如关于驯养的早期阶段，以及人类虽然开始养羊但尚未通过育种选择改变绵羊的那个漫长的阶段。

人和羊如何走到一起

圣基尔达群岛位于北大西洋苏格兰赫布里底群岛西侧约100千米处。在英国再也找不出一个比它更偏远、多风的地方了。它由4个岛屿组成，分别是赫塔岛、索厄岛、博雷岛和丹村岛，都是火山岛。此外，还有几个高耸的岩石也属于这个群岛，被称为“Stacs”。其中最大的岛屿赫塔岛的面积将近7平方千米。第二大岛索厄岛只有不到1平方千米。

很多海鸟在这些小岛上孵蛋——有翠鸟、鲣鸟、乌鸦、各式各样的海鸥、海雀，当然还有不计其数的鹦鹉，当它们为了养育幼鸟把觅来的食物用红色的喙叼到鸟窝的时候，看起来特别像长了一撮小胡子。让我们闭上眼，想象一下熙来攘往的鸟群发出的丰富多彩的叫声，伴随着北大西洋风暴的怒吼声和陡峭的海岸边浪花冲撞着岩石的咆哮声。当然，有时候一切汹涌会归于平静，当更加寂静的时刻到来时，可以听到，在水和气流构成的海洋世界里，依然有与大地相连接的生命存在。

绵羊在咩咩地叫着。如果这些小岛上有狐狸，一定会听到老鼠的叫声，是特别硕大的老鼠，因为它们是只在圣基尔达繁衍的野鼠的亚种，体形要比英国本土的兄弟姐妹们强壮得多。1930年，一场天花病在赫塔岛暴发后，群岛上的最后约200个居民被迫离开了家乡。五千年前开始的移民历史也随之终结。而最初如果没有人类帮助也不可能登上北大西洋偏远岛屿的绵羊和老鼠，则留了下来。

新石器时代的航海家必须把这些哺乳动物带到岛上。考古学家发现了早期航海已经拥有了具备远洋能力的独木舟的证据。在英国，发掘了一块有五千年历史的磨石，研究证明，它来自诺曼底。另外在波罗的海底部，发现了一些大船，大约有七千年的历史。至于为何新石器时代的渔民和农夫满载行李和牲畜，不辞辛苦地乘坐独木舟从苏格兰出发驶向一望无际的大西洋深海，并且在岩石岛屿上停泊，而岛上却只有少数几个入海的通道，这些都是谜。这段历史仍然被迷雾所遮挡。但是，当中世纪的历史传统开始出现在圣基尔达的时候，被带到岛上的绵羊“已经在那里了”。它们被认为是史前时期的见证者。

实际上，这些绵羊历史上只在索厄岛生活过，完全野生，没有人工培育经历，处于驯化的早期阶段。因此，索厄

家养绵羊通常也过着一种自由的生活。托马斯·西德尼·库珀（Thomas Sidney Cooper）在1845年的一幅画中将他的山地野绵羊置于大自然的背景当中

岛上的绵羊不仅是饲养爱好者团体的关注对象，而且是史前史学家和生物学家的研究对象。

赫塔岛上有一个避风海湾，海湾里有坡度和缓的山坡，这里农业状况不佳。当时，岛上的居民也饲养绵羊，但不是索厄岛绵羊，而是在苏格兰常能看到的品种，比如苏格兰褐面羊（Scottish Dunface）和苏格兰黑面羊（Scottish Blackface）。赫塔岛岛民主要靠捕食海鸟为生。他们把海鸟晒干后，将留下来的肉保存在石制的小屋里，称之为“Cleits”。他们还把海鸟的羽毛卖给商贩。有时，赫塔岛岛民会摆渡到邻近的索厄岛上去猎捕海鸟，同时也采集羊毛，因为那里的绵羊在换毛季节会掉很多毛。他们也许也会杀死一两只索厄岛绵羊，但会交税给岛主，即麦克劳德哈里斯（MacLeod of Harris）家族和比特侯爵（Marquess of Bute）家族。在1930年岛民最终撤离赫塔岛后，比特侯爵家族下令将当地农民的绵羊全部杀光，并把邻岛的索厄岛绵羊放养在赫塔岛上。因此，两个岛上至今生活着这种“原始绵羊”的唯一种群，它们从未和其他的品种杂交，或者在育种方面受到过优胜劣汰的影响。如果我们想要对此展开研究，索厄岛绵羊就是驯化史的一块活化石。

索厄岛绵羊的其中一个特征上文已经提及：它们的毛很短，且过冬后的羊毛会自动脱落。因此，人们不必给索厄岛绵羊剪毛。其皮毛的颜色和花纹与欧洲盘羊的野生类型十分相似。除了野生的红色和深褐色品种，还有一类鲜亮的、淡黄色的品种。大多数绵羊头顶有短小的羊角，有些则没有羊角。雄性索厄岛绵羊的角则呈环状旋转，约半米长。在行为上，索厄岛绵羊和现代的家养绵羊有着明显的区别。它们不

从野生动物到家养动物：温驯的绵羊和野性的山羊

让人近身看护，也不能将它们集合成群放牧。因此，只能用一根带子把它们拴在一起来饲养。索厄岛绵羊直观地展示了，人们应当如何想象第一只“家养绵羊”：作为狩猎游戏的猎物，其对宗教仪式的意义要大于其作为食物的功能。绵羊的“次要用途”，即生产奶和羊毛，是在人类开始驯养绵羊之后一千年才有的事。

当新石器时代的猎人在新月沃地发展出一种后来被称为“农业”的新的生活方式的时候，作为最早的家畜——狗，陪伴人类的时间可能已有三万年或更久了。当时，除了要有计划地种植野生植物，更重要的在于必须储备猎物。家畜从野兽进化而来。最早经历这一质变的两个物种，就是绵羊和山羊。在此，我们必须提及绵羊的家畜姐妹——山羊，因为这两种小型反刍动物的文化史是一段平行的历史。野山羊（Bezoarziege），即家养山羊的野生类型，其聚集地大致和中东盘羊的所在地重合。

根据诺贝特·贝内克（Norbert Benecke）的典范性专著《人类及其家畜》（*Der Mensch und seine Haustiere*），当今学界将驯化开始的时间确定为距今约一万年前。按照伊拉克北部的考古发现，长久以来人们一直推测，早在一万两千年前这一地区就已经有人类驯养绵羊了。文物发掘表明，在新石器时代的扎维凯米·沙尼达尔遗址中，出土了一些骨头，其中大部分都是小型动物的。当然，这并不能构成驯养绵羊的有力证据，也可能只是密集狩猎的结果。出土的骨头有两千年的历史，从中已经能够看出形态学上的驯养特征，特别是体形的变化。受过驯化的绵羊和其野生的类型相比，个头要更小一些。因此可以证明，通过体形大小的不同，绵羊分裂成两个不同的种群，即小型绵羊（家养绵羊）和大型绵羊（野生绵羊）两个种群。出土物中的家养绵羊幼崽骨头有非常明显的切面，这是羊羔被宰杀后留下的痕迹。即使不考虑数量不断增长的状况，羊群也足以被视为一种多产的资源。驯养动物这一精神和知识革命的文化史意义并未得到很高的评价。但除了太空旅行和数字化之外，它确实是人类迄今为止取得的最大进步。

以绵羊和山羊为核心的驯养日历在停滞了一千年后得以续写，正如约瑟夫·莱西霍夫（Josef H. Reichholf）在其著作《为什么人类定居下来》（*Warum die Menschen sesshaft wurden*）中概括的：紧跟在这两个小型反刍动物后面的是九千年前的猪，它们在西亚和中国进入了百姓的家中。八千五百年前，牛在新月沃地成为牲畜群体的一分子。六千年前，驴和单峰骆驼步上了牛的后尘，紧接着是五千五百年前的马。问题在于，为什么人类只在欧亚大陆如此大规模地开发了动物的资源，而在动物种群丰富的非洲和美洲则没有，特别是北半球的美洲在地形、动物群和植物群等方面与欧亚大陆相比并没有太大的区别。这一问题依然需要做进一步的解答。

最早被探讨的农场动物是反刍动物，它们对于一种生产经济形式的形成具有非常重要的作用。通过利用反刍动物的新陈代谢，人类能够完全掌握一个高产的生态系统。通过这一生态系统，人类得以不断优化自身对不同的生活空间，特别是贫瘠地区的适应能力。若探讨绵羊的“知足性”，比如在困难时仅依靠干枯的灌木丛就可以生存，我们实际上在探讨的是它难以置信的经济效益，绵羊只需要用缺乏营养，甚至干枯的植物来喂养。别忘了，绵羊的经济效益是基于它的消化系统。

中小学的时候，我们就学过，反刍动物的胃由四部分组成：瘤胃、网胃、瓣胃和皱胃。瘤胃相当于一个大袋子，已经被大致咀嚼过的食物在里面发酵，然后小口地反刍出去，供动物“再次咀嚼”。在这个消化系统中，最重要的工作是细菌完成的。细菌将大部分由纤维素组成的含少量蛋白质的植物营养转变为一种富含蛋白质的半流食，动物主要是从后者汲取营养的。也就是说，反刍动物为自己生产食物。反刍动物的新陈代谢为农业经济模式的发展构筑了蓝图——这和猪的情况完全不同，后者作为食用动物，其饲养以农业的过剩为前提，因为从生物学上来讲，猪是杂食动物，在食物方面与人类存在竞争关系。

至于新石器时代的农夫和牧人，当时尚不清楚绵羊的新陈代谢转化成什么样的文化能源。起初，他们只使用绵羊的肉和毛皮。最早在驯化期开始后约三千年的时候，绵羊经济出现变化，人类开始开发羊奶和羊毛。在苏美尔的图画史料中，比如公元前3000年的乌鲁克花瓶上，几乎全是无毛绵羊的图案。而在一座约公元前6000年的伊朗陶像上发现了第一个有羊毛的绵羊的形象。其他关于绵羊使用价值的证据，例如纺织品的碎布，大部分都是在其后两千年的时代才开始出现的。

一座从公元前3000年的埃及坟墓出土的浮雕向我们描述了，一些男人在田野上驱赶着一群头顶螺旋状羊角的直毛绵羊，很明显是为了让它们将土壤中的种子踩实，或者给田地施肥。此外，绵羊还被用来打谷。到了公元前2000年，在埃及中王国时期出现了有茂密羊毛的绵羊。绵羊用途的区分和与之密切相关的不同绵羊品种的形成都经历了一个过程，它始于新石器时期的食物动物贮藏处和新月沃地的居所，跨越几千年并一直延续下来。

在欧洲大陆，特别是希腊乃至整个巴尔干半岛，以索厄岛绵羊为原型的家养绵羊已经在有着九千年历史的出土文物中得以证实。然而，它们对于欧洲新石器时代食物经济的意义却不及对西亚的突出。绵羊作为食用动物征服欧洲，主要是因为罗马人。对于中世纪和近代初期的农业，绵羊发挥着关键性的作用，不仅通过羊毛、羊肉和羊奶使农民能够自给自足，而且为农田三年轮种法制度做出了贡献。放羊的同时，可以为休耕地和收割完的田地施肥。人们由此逐步意识到两者之间的联系：最早，休耕地和收割完的田地被认为只适用于牧羊。自14世纪起，城市数量增多，对农业生产盈余的需求日益迫切，于是人们认识到，牧羊有可能提升耕地的产量。几乎同时，在城市兴起了一场由布料生产推动的工业革命，将原材料羊毛转变为一种深受欢迎的贸易商品。由此，家养绵羊从新石器时代的新鲜肉类存货变成欧洲文明的多功能贡献者。正如约翰尼斯·卡勒卢斯（Johannes Colerus）牧师在其1604年创作的赞美诗《经济或家庭收支账簿》中所述：

当绵羊站起来，

当女人离开，

当蜜蜂飞起来，

不必再发愁什么。

因为毫无疑问，

谁懂得和自己的绵羊融洽相处，

就能顺利地处理家务事。

看吧，绵羊的身上没有不好或无用的东西：

羊肉，

羊毛，

羊皮，

羊奶，

黄油和奶酪，

肠子，

当然还有粪便和泥浆，一切都特别美好，

而且每一处都有用。

对一些人来说，能够带来财富，对另一些人来说，却构成生存威胁。绵羊并不像它看起来那样的无害

此外，也有学者咒骂所谓身上没有不好或“无用”东西的绵羊，因为它不仅是食物的提供者，还可能是农民的掘墓者，这是因为羊毛带来的收益要比田地的收成多得多。绵羊在欧洲走过的路讲述了它的幸事和厄运。它证明了回溯至新石器时代的游牧经济传统。从比利牛斯山脉起，跨越阿尔卑斯和巴尔干，绵延至喀尔巴阡山，绵羊在这条线上季节性地奔波于冬季和夏季草场之间，这是一个牧羊的系统，以纯粹的、没有围墙和羊圈的饲养方式运行着。人们将这种游牧经

济称为“季节性迁移放牧”。这个词神秘的音调就像来自遥远的过去。“跨跃”被写进了欧洲大陆最古老的公路网。一些朝圣之路起初也是绵羊之路。原因不仅在于地理上的因素。在基督教盛行的西方，如果没有《圣经》的共鸣，便没有羊羔的咩咩叫声。因此，绵羊在精神层面的使用价值似乎要高于物质层面。基督徒的上帝在一只羊羔的毛茸茸的纯洁中现身——这一直是一种令人感到震惊的想法。

天主的羔羊

人们都想抚摸西班牙巴洛克画家弗朗西斯科·德·苏巴朗（Francisco de Zurbarán）创作的毛茸茸的美利奴细毛羔羊（Merinolamm），它们被称为“天主的羔羊”，相关画作诞生于1635年至1640年期间，从不同视角刻画了羔羊躺在宰牲凳上的情景。其中最美的一幅悬挂于马德里普拉多美术馆。这幅画没有任何多余的修饰，比如字母或者突显的光环，也就是说，它没有通过任何添加的成分——作为宗教象征也好，作为耶稣钉在十字架上的隐喻也罢，来证明自己的价值。从类型上看，这幅画不属于圣像，而是描述了一种安静的生活，画家希望能够展现出他刻画表面状态的精湛技艺。美利奴细毛羊的羊毛呈现出一种柔软的感觉。苏巴朗用笔和色彩完美地创造出对触觉经验的幻想。人们看到后，都会想抚摸一下肉嘟嘟的毛茸茸的羔羊。

黑黢黢的夜里，雪白的羔羊四肢被紧绑在一起，乖乖地躺在灰色的宰牲凳上。它把自己交给了命运。羔羊的咽喉即将被锋利的屠刀切断，它紧紧地贴着案板，似乎没有进行哪怕是一丁点儿的反抗。羔羊即刻将被宰杀，它被牺牲了。作者同时代的人当然明白这一主题的宗教含义。因为它非常流行、无所不在。然而，苏巴朗则是将其作为羔羊、作为集造物性和美感于一身的动物本身来赞颂的。他的视角不仅局限于一位反对宗教改革的虔诚天主教徒，还拓展为一名农夫、牧羊人、逛集市的人、屠夫和羊毛商贩。屠宰之后，紧接着就是一顿晚餐。吃了羔羊，不仅会让人陷入对宗教的神迷，而且还能满足对高级美味的需求。西班牙的烤羊羔（cordero asado）就是源自“天主的羔羊”，人们把羔羊放在烧红的炭火上烤，撒上洋葱、橄榄油、红酒等佐料，给人一种永恒的幸福感存在于尘世间的美妙幻象。

将耶稣基督称作“天主的羔羊”，最早源于《约翰福音》，里面讲述了使徒约翰的故事：“第二天，约翰见耶稣向他走来，便说：‘看，天主的羔羊，除免世罪者。’”隔了一天，约翰和他的两个门徒在一起的时候，恰好耶稣路过，约翰又说了一遍：“看，天主的羔羊！”为什么使徒约翰会想到这个词并说出来？这一主题在《圣经》的传统中早已事先形成。先知以赛亚讲“天主的仆人”，他“被藐视，好像被人掩面不看一样”。他“诚然担当我们的忧患，背负我们的痛苦”。以赛

人们都想能触摸一下绵羊脂肪丰富的厚毛皮。弗朗西斯科·德·苏巴朗在1635年创作的《天主的羔羊》是一幅完美的美利奴绵羊的肖像画

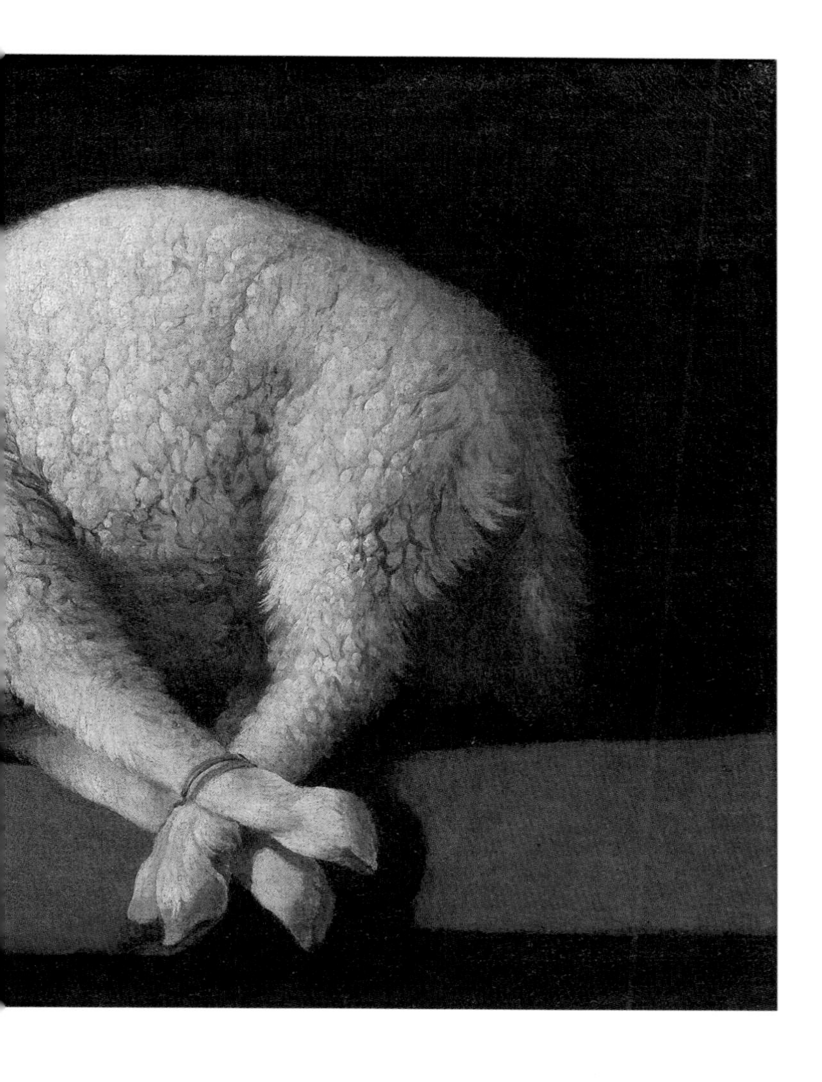

亚接着讲道:“我们都如羊走迷;各人偏行己路,耶和华使我们众人的罪孽都归在他身上。他被欺压,在受苦的时候却不开口;他像羊羔被牵到宰杀之地,又像羊在剪毛的人手下无声,他也是这样不开口。”

以赛亚刻画了被献祭羔羊的无助和对命运的服从,这是为了指出犹太教中献祭牲畜在寺庙被毁前的意义。我们在处理这个问题时,通常是从宗教的路径入手,去追寻其中放牧文化的古老经验。在《出埃及记》中,可以找到一段关于逾越节的由来的精彩而生动形象的描述。这里必须做更加详细的引述,因为任何释义都无法比《圣经》原文更好地传达对田园般的日常生活和救世史的认同:“耶和华在埃及地晓谕摩西、亚伦说:‘你们要以本月为正月,为一年之首。你们吩咐以色列全会众说,本月初十日,各人要按着父家取羊羔,一家一只。若是一家的人太少,吃不了一只羊羔,本人就要和他隔壁的邻舍共取一只。你们预备羊羔,要按着人数和饭量计算。要无残疾、一岁的公羊羔,你们或从绵羊里取,或从山羊里取,都可以。要留到本月十四日,在黄昏的时候,以色列全会众把羊羔宰了。各家要取点血,涂在吃羊羔的房屋左右的门框上和门楣上。当夜要吃羊羔的肉,用火烤了,与无酵饼和苦菜同吃。不可吃生的，断不可吃水煮的，要带着头、腿、五脏，用火烤了吃。不可剩下一点留到早晨，若留到早晨，要用火烧了。’”这是对谁说的？天主计划建一个刑事法庭来惩治埃及人和他们的神。他要消灭所有人和牲畜的长子长女。当然，他承诺宽恕涂上逾越节羔羊的血的家庭。以色列人是顺从的。羊羔肉 —— 烤的，而非煮的 —— 成为一神教的重要燃料。

“免除世罪的天主羔羊”（*Agnus dei qui tollis peccata mundi*），作为圣餐仪式的用语，在7世纪成为天主教礼拜仪式的一部分。在那之前的观点认为，不应该用动物名来称呼耶稣基督。是教皇塞尔吉乌斯一世将圣歌《天主的羔羊》用于礼拜仪式。福音书中如此突出表达的东西，一定错不了。塞尔吉乌斯来自一个叙利亚的移民家庭。他出生于巴勒莫，对弗里斯兰人皈依基督贡献良多。塞尔吉乌斯似乎有意识地进行感受生活乐趣的信仰实践，同时也很容易接受新事物。他非常关心教堂的装饰，并在装饰漂亮的教堂里为很多人授予圣职。他很可能会对苏巴朗的西班牙美利奴细毛羔羊颇有兴趣。

以羔羊作为一种忍耐、温柔、纯粹、无辜的牲畜献祭品，并没有穷尽绵羊的宗教象征意义。尽管毛茸茸的小白羔羊常常出现在耶稣诞生的画像场景中或作为饼干蛋糕的形象，在与之密切相关的圣诞节和复活节等基督教通俗文化中取得了显著的成功，也常常在洗涤剂的广告中扮演重要的角色。但是，如果仅仅将羔羊的形象限制于“幼崽”甚至“可爱”，就对它太不公平了。或许这些归因还可以保护它免受以下思想的冲击，即祭品羔羊象征天主的自我牺牲，也象征祭品作为人类和上帝之间“商业关系”的终结。恩赐无法用来交换。天主的羔羊释放了前所未闻的思想——人没有任何假定地蕴藏于天主的爱中。羔羊能够发生不可思议的质变。要是没有这种能力，它就无法承担在救世史中的角色。天主的羔羊将世界的罪担在自己肩上，但除此之外它还有别的任务，例如建立一个天主的王国。在通往天国的路上，需要天主的羔羊做新郎和牧羊人。

让我们聆听一曲约翰·塞巴斯蒂安·巴赫（Johann Sebastian Bach）的《马特乌斯的激情》（*Matthäus Passion*），根据合奏和唱腔，正直的萨克森康塔塔诗人克里斯蒂安·弗里德里希·亨里奇（Christian Friedrich Henrici）为此曲填词。合奏一开场就出现了羔羊：“来吧，女儿们，帮我诉诉苦。看！谁？新郎。看看他！怎么了？就好像一只羔羊。看！什么？

看它多有耐心！去哪里？去向我们的罪。用爱和仁慈看它抬起十字架。”通常来讲，当新郎出现时，女孩子不会诉苦，而是会编织新娘花冠。但不是为了婚礼，而是为了牺牲。无论如何，界限在这里是流动的。女高音歌唱家对耶稣——天主的羔羊唱一首爱情的歌，起音明亮，驱动双簧管和一只巴松管作伴奏，炽热之情愈加高涨，对融合的渴望也越来越强烈。通过这段乐曲，音乐家能够真正展现他们的实力：“我想把心全部交给你，让你陷入我的幸福。我想把自己深埋在你的怀中。”当“女儿们”含情脉脉地注视着新郎时，民众已经将赞美诗中的天主的羔羊尊崇为牧羊人：“我的守护者，请认出我，我的牧羊人，请接受我！从你那里，万物之源，有太多好事发生在我身上。”

摆着牧羊人姿势的天主的羔羊，是基督教艺术中一个非常普遍的主题。羔羊的前腿抱着十字旗的胜利标志，就像一根牧杖。从这个姿势出发，逐渐形成了屠夫行会的徽章，职业屠夫今天很可能完全不知道，他们的手艺可以回溯至将牺牲奉为神圣的起源。在伊森海姆祭坛（Isenheimer Altar）的钉十字架场景的画中，画家马蒂亚斯·格吕内瓦尔德（Matthias Grünewald）在施洗约翰旁边画上了戴着胜利标志的祭品羔羊，施洗约翰身着红色衣服，站在耶稣基督的身旁，手中握着笔、伸出食指，意在证明实现了福祉的承诺。他脚边的羔羊从颈部射出一股鲜血，流进一个金色的圣杯中。尽管如此，羔羊依然傲慢地伸展了一下身体，以强调这位钉在十字架上受尽严酷折磨的人已经战胜了死亡。

画家扬·凡·艾克（Jan van Eyck）的《根特祭坛画》中有一幅，名为《羔羊的礼赞和生活的源泉》（*Die Anbetung des Lamms und der Quell des Lebens*），画中流血的祭品羔羊成功占据了礼拜场景的中心。图中的羔羊几乎让人联想到动物神或金牛犊，它骄傲地抬着头，头顶金色光环站在祭坛上，一群天使围绕在它身旁，向它致敬。祭品羔羊由此成为天主之国的强大统治者。

这一质变可以追溯到约翰的启示，它最难以理解，也是新约中唯一的预言。至今还没人能真正破译名叫约翰的作者写给7个在小亚细亚备受罗马人压迫的教会的书信。这封关于羔羊的安慰信在燃烧的图像中总结了救赎的承诺。从中你可以获知什么？在《启示录》第五章中，首次出现了羔羊。第一人称“我”作为叙述人，描述了天堂的宝座和封有七印的书，这书无法展开，因为没有人能够与之相配：“我又看见宝座与四活物并长老之中，有羔羊站立，像是被杀过的，有七角七眼，就是上帝的七灵，奉差遣往普天下去的。这羔羊前来，从坐宝座的右手里拿了书卷。他既拿了书卷，四活物和二十四位长老，就俯伏在羔羊面前……”

羔羊不是《启示录》中唯一的有角动物。还有“从海中上来”的有10个角和7个头的巨兽，以及“从地中上来”“说话好像龙”的双角怪物。羔羊将追随者聚集在锡安山上，“同他又有十四万四千人，都有他的名和他父的名写在额上。”它征服巴比伦，为与天堂耶路撒冷的婚礼做准备。凭借着头上的7个角，《启示录》的羔羊战胜了所有“异教”公羊神灵。

当天主自我牺牲在十字架上约两千年以后，绵羊多莉（Dolly）出生，既不是以婚礼为前提，也不是源于神的力量。多莉是一头来自威尔士山区的绵羊，是第一只克隆成功的哺乳动物。它的诞生并非简单依靠一个卵子和一个精子的融合，而是将母羊的乳腺细胞与一个卵子人工“授精”而成。2003年多莉去世，时年6岁半，人们从它身上提取了死者面型。为了后世研究，多莉的遗体被做成标本并存放于爱丁堡博物馆。竟然如此大费周章地纪念一只“人工”羊！生物学界对生物技术越界问题的试验首先使用在绵羊身上，而不是老鼠、荷

披着羊皮的凯旋者：扬·凡·艾克的《根特祭坛画》中《羔羊的礼赞和生活的源泉》部分，1432 年

兰猪或家兔，这难道是偶然吗？即便这是挑衅的行为，也无法真正挑战对一种神的创世规则的信仰。如果没有多莉，人们不会再想起承担世界之罪的天主的羔羊；多莉已经成为生物伦理原罪的代码。谦恭与傲慢一同出现在绵羊的皮毛中。

绵羊和牧羊人是荷兰的风景和动物画家安东·莫夫（Anton Mauve, 1838—1888）偏爱的主题：《身处一片森林之中的羊群》

季节性迁移放牧

奥兹（Otzi）是牧羊人吗？因斯布鲁克大学史前史和古代史教授康拉德·施宾德勒（Konrad Spindler）在对1991年于厄兹塔尔阿尔卑斯山脉的蒂森山隘发掘的木乃伊状的“冰人”奥兹的研究中，取得了重大突破；对于刚开始的问题，他的答案是明确肯定。2005年，在去世之前的几个月，施宾德勒接受了奥地利广播电台的采访：“我想强调的是，冰川中的奥兹只是村民中的一名普通成员，他肩负着牧羊人的特殊任务……他知道如何和牲畜相处。他能够把羊群领到吃草的地方，并带回来。他以这种方式，成为其所在村子的一名重要的、可能无法替代的成员。”

施宾德勒可能是被说服而发表这一观点的，因为越多关于奥兹死亡的暴力情形的细节被公开，对这位“冰人”的推测就越疯狂地增长。奥兹死于箭伤或脑颅创伤。在死前的几个小时，他应该卷入了一场肉搏战。究竟是谁跟踪了他？他是一场血海深仇的牺牲品吗？抑或是一次抢劫？为什么凶手在现场留下了他随身携带的珍贵的铜斧？可能奥兹已经摆脱了跟踪者，而且误以为脱离了危险。不管怎样，他在最后一次歇脚的时候吃了一顿美味的野生山羊大餐。所以，他也打猎。远在树木线以上的岩石地区是野生山羊的栖息地，他肯定对此非常熟悉。或许他知道秘密的矿脉？难道他有萨满和矿产生意人的双重身份？

对此，人们当然可以自由地展开想象。但是，一些证据确凿的事实也不应被忽视。奥兹穿着绵羊皮制的大衣和牛皮做的软鞋。他携带的东西都是为了在山里长期居住的需要，特别是一个桦树皮制的木炭容器。这类器皿源于一种基于耕作和驯养反刍动物的文化。奥兹从今天南蒂罗尔的温施高出发一直向上攀登至阿尔卑斯山主峰，很多迹象都表明，他十分熟悉上山的小路。这些小路起初是野生动物的小路，后来变成绵羊和牧羊人的小路。尽管根据考古调查，无法证明在奥兹死亡的年代也就是约五千二百五十年前，在发现他的附近地区有放牧的痕迹，但是施宾德勒关于奥兹是牧羊人的观点却是可以理解的，因为已经证实，公元前3000年在稍远地区的高原牧场牧羊行为就已存在了。喜爱氮肥的植物，如龙胆和大胡子蓝钟花得益于绵羊的粪便而快速成长，山湖里相应的沉淀物中频繁地出现这些植物的花粉。

我们接受了这样的观点：奥兹是一名牧羊人，他常赶着羊群往返于温施高的冬季牧场和厄兹塔尔或施纳尔斯泰尔的夏季牧场。总之，他做了五千年后的今天的牧羊人在这一地区一直在做的事情。

民俗学家、方言诗人汉斯·海德（Hans Haid）将南蒂罗尔和阿尔卑斯主峰之间几千年来的牧羊文化写成一部巨著，名为《绵羊之路》（*Wege der Schafe*）；他本人坚决反对把阿尔卑斯山变成一座大型游乐场。他在书中阐述了跨越五千年的文化传承，它基于一种固定的绵羊使用形式——当然也包含山羊和极少部分的牛。这一文化归根结底就是游牧经济，文化地理学家、民俗地理学家、家养动物研究者和经济历史学家共同选取并采用了“Transhumanz”（季节性迁移放牧）这个概念。

这一概念何时付诸使用，以及它在词源上源自何处，至今一直没能完全解释清楚。法语中“transhumer”是一个常用动词，既表示广义上的“漫游”，又指“驱赶羊群”或“更换牧场”。在“Transhumanz”这一概念中，可以清楚地看出由拉丁语组成的两个部分，“trans”（到……的另一边）和“humus”（土地），若以此做进一步阐释的话，“Transhumanz”就是指

“开垦的土地的另一边”。在罗曼语国家，游牧牧羊人把自己的工作内容称为“Transhumanz”。按照德语区牧羊人的传统，这个词其实并不常见，只是在最近一些年被使用得越来越频繁，特别是用于将南德的迁移放牧描绘成宝贵的、值得保护的、全欧洲的文化遗产。

在与其他两种重要的流动畜牧业形式即游牧经济和高山牧场经济进行比较后，季节性迁移放牧的特殊之处显露无遗。按照沃尔夫冈·雅克布（Wolfgang Jacobeit）在其著作《20世纪初以来的中欧绵羊饲养和牧羊人》（*Schafhaltung und Schäfer in Zentraleuropa bis zum beginn des 20. Jahrhunderts*）中的论述，这三种系统“都属于各个牧场之间较远距离的羊群迁徙，都是羊群随着季节更替、按照气候和地理植物区系的实际情况来寻找的”。在游牧经济中，常常是全家、全氏族或全部族携全部家产和羊群迁徙。羊群在这一经济形式中扮演了重要的角色，特别是在中亚。当然牧民饲养的牲畜中还包含其他牲畜，比如马、骆驼或者蒙古牦牛。通常来讲，典型的游牧经济中不存在固定的、牧民可以定期返回的经济场所和住处。

与之相反，高山牧场经济是以定居生活为前提的，即有一个“固定的站点”（雅克布），“人们可以伴随每年的草场交替返回至此处，并在那里度过一年当中最长的一段时间，没错，它是整个经济系统的出发点和支点”。在欧洲阿尔卑斯地区，每年夏季的几个月，山谷中的农民都会在一名付费的牧羊人的照看下，把羔羊或者奶牛送到以合作社形式经营的高山牧场。牧羊人也会接手高山牧场牧民的工作，比如在现场把奶制作成奶酪。在阿尔卑斯山区，人们主要将这种经济形式运用到奶牛身上。绵羊在其中反而成了配角。巴尔干半岛或喀尔巴阡山区的情况则完全不同，自古以来牧羊人的主要工作就是配制羊奶奶酪。高山牧场经济形式中，羊群在漫长的冬季被分配到“固定的站点”并圈养起来，直至初夏才能放出来，其间还会在作为中转站的春季牧场停留，而春季牧场的主要功能则是为其他季节储存足够的干草。如果没有引入冬季饲料，高山牧场经济就无法正常运转。

在最原本的形式中，季节性迁移放牧是不依靠圈棚和冬季饲料运转的，也就是说，它和农业经营并不直接相关。虽然羊群的主人通常是在山谷耕地的农民，但是绵羊的饲养（季节性迁移放牧涉及的大多是绵羊）和农业生产是完全分开的。养羊和耕种形成的并非经营上的统一，最多也就是一种财产上的统一。雇佣的牧羊人有时会赶着羊群走几百千米的

有时候，绵羊的路在水面之上。罗莎·博纳尔（Rosa Bonheur），《放牧迁徙》，1863年

路途，往返于夏季和冬季牧场之间。关于放牧通道和放牧法律，在近一百年的历史中已经积累了数不清的法律诉讼争议。如果羊群在秋收后给耕地施肥，农场主会感到很高兴，但同时他们当然不希望绵羊吃掉新生的春苗。牧羊人则要求每天都要喂饱绵羊。这一基本矛盾在19世纪伴随人工施肥和新的耕种技术的发展而愈加紧张，犁开始用于耕作——绵羊由此失去了对农民的辅助功能。绵羊和农民之间多变的关系成为欧洲农村社会历史中最为戏剧性的因素。

欧洲传统的季节性迁移放牧国家主要位于地中海沿岸，

包括西班牙、法国、意大利以及巴尔干半岛诸国。在法国南部，季节性迁移放牧的主要通道之一从卡马尔格盐碱草原——即羊群过冬的地方——一直延伸至法国境内的阿尔卑斯山和海岸边缘，其他的通道则通向比利牛斯山和塞文山。牧羊人赶着羊群往返于冬季和夏季牧场之间的时间长达几个星期。这些约60米宽的放牧通道在经过耕地和人的居住区时会转弯绕行。

到了20世纪下半叶，大规模的羊群迁移已经成为过去，但是并不意味着季节性迁移放牧也寿终正寝。铁路和载重汽车承担了运送羊群的任务。通常只有最后一段通向高山牧场的难行小路仍需要羊群自己走。由于铁路轨道和长途公路的扩建，越来越多的地区难以避免被分割开来，这减轻了牧羊人的工作，尤其是与羊群迁徙密切相关的使用纠纷得以化解。然而，新的运输方式也产生了新的困难。羊群运输是一种季节性的生意，每当严冬过后，所有人都想让自己所有的绵羊尽快转移到新的牧场。这自然会导致运输能力的不足。同时，绵羊也无法很好地适应气候和牧场条件的突然变化。它们缺乏适应不同环境的时间。

德国南部的漫游式放牧至今仍完好地保留着，它和传统的季节性迁移放牧的标准不尽相同。例如，羊群自由往返于没有饲料和羊栏的各个牧场之间，就不属于漫游式放牧的形式。牧羊人，通常也是绵羊的主人，从过去到现在都会设置一个“固定的站点”，他们赶着羊群从这里出发，去往不同的牧场。大规模的羊群在德意志最早出现于中世纪晚期。当时，牧羊与庄园经济、农业是统一的，并非独立的行业分支。后来，符腾堡的伯爵开始扶植雇佣式的牧羊业，因为他们想在快速增长的羊毛生意中分得一杯羹。他们要求在其臣民的土地上拥有和捕猎权相似的放牧权，并在符腾堡四处开设饲养绵羊的场地，这些场地自16世纪以来逐渐以永佃权的形式由私人养羊企业来经营。佃农从君主掌握的放牧特权中获利，这一特权在1828年以“土地交通工具”的名义被更新。

许多由此产生的私人放牧者把他们的驻地安置在施瓦本的高山牧场，那里至今依然是一个绵羊饲养的中心。绵羊的通道从那里出发，通往博登湖地区、普法尔茨或黑森南部的冬季牧场。今天，仍有很多牧羊人独自踏上这一“旅程”，当然通常都开着轿车，往返于在路上某个地方随意安扎的羊栏和自己的住处之间。人们不再把时间浪费在运输绵羊的货车上。但是，由一名牧羊人及其牧羊犬护送羊群的场景却没有

牧羊人把羊群赶回到安全的护栏里。卡尔·施勒辛格（Karl Schlesinger），《在回家的路上》（*Aufdem Heimweg*），1871 年

消失。尽管牧羊人一般来讲不必再长途跋涉，而且“旅程”这个词也很少使用在绵羊的迁徙上了，但这样的场景总会让人不禁去追寻一种和大自然亲近的自主的生活。一群安静吃草的绵羊，一个手中扶着铲子站立、身旁围着牧羊犬的牧羊人，时间就这么安静地过着，这是多么平和的一幅画面。每个牧羊人都会切实感受到，在牧羊的生活中确实存在这种惬意的时刻。尽管如此，牧羊人也不能忽视不利的情况，并不得不为此而抗争。能源的转变推动农业租金涨到了不可思议的高值。在一直纯粹用于牧羊而不做其他用途的土地上，能

够为沼气发生装置提供大量的生物质。这些生物质在沼气发生装置里要比在羊胃里能带来更多的收益。此外，欧盟的“电子个体动物标记”系统之类的“官僚装置”也带来了大量额外的劳动量。除此之外，越来越能感觉到一个已经销声匿迹一百五十多年的老熟人的踪迹。返回中欧地区的狼群迫使牧羊人除了处理所有这些新的问题，还要认真面对这个古老的新麻烦。

虽然面对各种不利情况，依然没有人为牧羊业敲响丧钟。在法国、西班牙和意大利，古老的季节性迁移放牧传统重获新生。牧羊学校传授古老的牧羊人知识，学生们完全自主决定，通过学习牧羊来改变土地使用的粗放形式，并将牧羊的生活方式继承下来。同样在德国，对新生力量的担忧也并非牧羊人职业身份中最大的忧虑。引人注目的是，许多年轻女性对牧羊人的职业也很有兴趣，因为这一职业拥有较高的声望，极易受到对生态颇为敏感的同时代人的关注；与它提供的经济机会并没有直接的联系。作为欧洲的文化遗产，季节性迁移放牧还受到政客的推崇。在工业化动物饲养的时代，迁徙的羊群很容易获得普通民众的好感。人们已经忘记或浑然不知的是，羊群曾经代表蹂躏和毁灭，绵羊也曾被咒骂为文化的毁灭者。现在，我们必须转向羊毛了。但是，它可能不会很可爱。

吃人的绵羊

有一个希腊神话讲的是关于价值连城的羊毛的祭礼。羊毛是金黄色的，属于公羊克律索马罗斯，它会飞，会说话，被描绘成一只多功能的绵羊，至今所有饲养技能都创造不出一个它来。有一次，同样会飞的赫尔墨斯请公羊帮忙，希望它去救出女神涅斐勒的孩子，她被丈夫阿塔玛斯国王驱逐，十分担心自己孩子的生命安全。赫尔墨斯让她的孩子海勒和弗里克索斯坐在公羊的背上，并把他们带到黑海一带的科尔基斯。但是，海勒中途掉入水中，也就是今天的达达尼尔海峡。弗里克索斯安然无恙抵达科尔基斯，受到当地国王埃厄忒斯的热情接待。为了感谢相救，人们用克律索马罗斯供奉宙斯，并把公羊（从此上升为传说中的素材，并由此开始用大写字母书写）的毛皮悬挂在阿瑞斯的圣林里，等待克律索马罗斯被伊阿宋和其他英雄来抢夺，当然这又是另外一个故事了，可能需要几天几夜才能讲完，因为国王的儿子伊阿宋为其快船“阿尔戈号”召集的全体船员已经载入古希腊传说世界的名人录。简言之：伊阿宋在美狄亚的魔法的帮助下，

伊阿宋和美狄亚在偷取金羊毛时，丢弃了多余的衣裳。插图：艾伯特·迈尼昂（Albert Maignan, 1845—1908）

找到并获得了金羊毛。但是，金羊毛并没能给二人带来好的结果。整个故事以嗜血、谋杀和自杀的情节告终。金羊毛也因为这个故事而几乎被人遗忘。它究竟是什么样子呢？

金羊毛的金色和精致突显出它的价值。众所周知，在科尔基斯的高加索山区，也就是今天的格鲁吉亚西部，早在古代就开始用特别精细的羊皮清洗山涧溪流中的金子了。人们把浸泡在水中的羊皮拉出水面，宝贵的金子颗粒卡在细密的羊毛中。这也意味着，这一地区在很久之前很可能就已经有长着细密羊毛的绵羊存在了。科尔基斯是一块宝地，除了有难以置信的金矿，同样有令人惊叹的绵羊。但这不应该成为任何偷窃和掠夺行径的借口。在金羊毛和探险家传说的光环下，下面要讲述的勇敢的施瓦本人的绵羊探险，就不单单是农业和动物养殖历史中的一段插曲了。一群憧憬绵羊的男人踏上旅程，他们是英雄、是探险家，他们步行、坐马车，为国王带回他渴求的东西。

1786年2月8日，符腾堡议会议员、路德维希堡饲养场经理雅各布·海因里希·维德尔（Jakob Heinrich Wider）踏上了他一生中最伟大的旅程。在总秘书卡尔·弗里德里希·施坦厄（Carl Friedrich Stängel）的陪同下，维德尔不顾高龄和欠佳的健康状况，登上一辆马车启程，这是公爵卡尔·欧根（Karl Eugen）为他的西班牙之行特意安排的。维德尔为完成此行的任务在外交和后勤上做了精心的准备。尽管如此，他在途中也多次濒临失败。为了确保旅行进展顺利，邦君特意从邦议会的高级代表那里准备了12000古尔登作为旅费。旅行的全程证明了维德尔的确具备国际视野。他一路长途奔波，为符腾堡买到了西班牙美利奴羊的公种羊和母种羊，以帮助当地处于低端的养羊业站稳脚跟，并确保符腾堡在蒸蒸日上的羊毛贸易中占据足够的份额。

到18世纪中叶之前，曾一度谣传西班牙禁止出口美利奴种羊，否则以死刑论处。羊群受到整个皇室的保护。绵羊的主人们早在13世纪就在皇帝的庇护下联合成立了"梅斯塔（Mesta）委员会"，它具有广泛的放牧权，也直接导致牧羊业主可以毫无顾忌地反对农耕。1750年前后，人口增长和饥荒迫使西班牙终结了国家对大牧羊业主利益的屈服。"梅斯塔"委员会遭到解散，美利奴羊的出口限制政策也有所松动，此前这一限制曾确保西班牙在欧洲对优质羊毛的垄断地位。美利奴羊的名称可以追溯至梅里尼德的柏柏尔（Berber）人，他们擅长养殖细毛动物并在中世纪将其带到了西班牙。美利奴羊是纯种的阿拉伯绵羊的一种。绵羊种群中遗传美利奴绵羊基因的多少被视为“种群改良”的标尺。

为了在符腾堡推动所谓“种群改良”，为施瓦本人在斯图加特建造新宫殿和孤独宫的卡尔·欧根成立了一个“绵羊养殖改良特派团”，他还委任了熟悉羊毛贸易的议会议员维德尔，因为后者经营的饲养场隶属于一个布料工场。通过法国的联系人，特派团和西班牙皇室进行了谈判，结果是，允许卖给符腾堡3只公羊和10只母羊。这个神奇的施瓦本美利奴羊考察团的目标在于：拓展在塞戈维亚广阔绵羊市场的生意。实际上，它不仅为符腾堡，而且为整个中欧地区现代化牧羊业的发展奠定了基石。在描写这一冒险历程时，我还关注并参考了曼弗雷德·莱因哈特（Manfred Reinhardt）2008年在巴登-符腾堡州《公报》上发表的报告。

在维德尔和施坦厄于1786年春季出发的大概一年前，当时位于勃艮第的小镇蒙巴尔的著名的牧羊学校已经开始养殖纯种美利奴羊，该校接收了两名来自符腾堡的牧羊人。两个特使，24岁来自克赖希高大比利亚尔的约瑟夫·克拉皮尔（Joseph Clapier）和29岁来自里恩茨恩的养羊能手弗里德里希·加卢斯（Friedrich Gallus）必须在学校里熟悉并掌握美利奴羊的品种、护理及其特殊需求和性格特征等等。二人于1785年7月步行前往斯特拉斯堡。在那里，有一位符腾堡政府的好友为他们准备好护照，并付好去往蒙巴尔的车马费。

1786年2月21日，维德尔和施坦厄与两位牧羊特使会合。维德尔没有放弃再带一名用人的努力。此外，他还在行李中准备了两支手枪。会说法语的克拉皮尔留在了法国，以便尽可能地在当地买到纯种美利奴羊。其他人继续向西班牙前进，一路上不断寻找大型的羊群，此时恰逢春季迁徙的时节。3月28日，他们抵达了巴塞罗那，但是仍未找到绵羊的踪迹。在萨拉戈萨和马德里，他们同样一无所获。直到4月23日，议会议员和他的随从到达塞戈维亚，所有的一切都为羊群的出现做好了准备。这座城市是牧羊经济的贸易中转站，每年都收获满满：几百万只绵羊转到山区的夏季牧场之前，都会在这里被剃掉羊毛。

一名西班牙银行业者给维德尔介绍了绵羊业主，后者已经决定贩卖优良的美利奴种羊。在此基础上，才有了最后的谈判结果：3只公羊和10只母羊。施瓦本人为每只羊支付了18个古尔登。双方的分歧也难以避免，西班牙人强烈要求绵羊在剃毛后才能启程返回。施瓦本人不得已让步，但仍然带着

绵羊饲养的革命：美利奴绵羊（上图）被改良成为本地绵羊（下图）

剃好的羊毛返程，这无疑加重了旅行的负担。1786年5月19日，火车载着40只绵羊、5个人和马车启程，7月初穿越比利牛斯山。一路上，施瓦本人还要克服与心怀敌意的农民和走私商之间的小冲突。至于维德尔是否动用了手枪，我们不得而知。他们还遭受了暴风雨和冰雹的侵袭。满怀激情的他们终于抵达了佩皮尼昂，而3只昂贵的公羊则因为体力耗尽而死在了途中。

维德尔一行人在佩皮尼昂与克拉皮尔会合，后者已经购买好49只公羊和21只母羊，虽然都是美利奴羊，但其质量和西班牙美利奴羊无法媲美。于是，两群绵羊汇聚在一起，当然每只羊的产地都已经用相应的树脂标记加以明确。

1786年7月11日,100多只绵羊组成的羊群踏上回乡之路，途经纳博讷、蒙彼利埃、尼姆、尚贝里、日内瓦、伯尔尼和沙夫豪森等地，于8月30日到达符腾堡的地界。维德尔因为堪忧的身体状况乘坐马车先前行驶。施坦厄和其他两名牧羊人必须独立完成剩余行程。他们非常勇敢地坚持了下来，途中只有3只羊走失。在沙夫豪森，施坦厄为衣衫褴褛的克拉皮尔和加卢斯各买了一套新衣服。火车经过哈廷根、图特林根、巴林根、戈马林根，最终于9月10日抵达阿尔卑斯明辛根。施坦厄写信给公爵："尊敬的公爵殿下，卑职向您禀告，感谢上主，我已于今日清晨带着最仁慈、可信赖的羊群幸运抵达。"这一趟辛苦劳顿收获颇丰。出自符腾堡的美利奴羊毛很快就能卖个好价钱。不仅如此，这次绵羊探险的成效持久，开启了延续至今的本地美利奴绵羊的历史。

这一绵羊品种是由美利奴羊和本地区品种杂交而成，塑造了现代农场绵羊的类型。这一事件完全可以被视为一个新纪元的开启，因为美利奴羊的杂交品种彻底改变了欧洲的牧羊业。在这之前的几百年里，牧羊业一直是农民农业生产的一个分支，主要用于自给自足，通常使用贫瘠、不适宜耕种的农田，还会在休耕期用于施肥。美利奴羊的出现促使羊毛作为工业原料逐渐成为绵羊用途的中心功能。当牧羊人的田园作为文学和艺术的主题蔚然成风时，当欧洲的皇帝和国王们受重农主义的影响纷纷扮演"农民"时——例如英国的乔治三世（Georg Ⅲ）让民众赞美他为"农夫乔治"，抑或奥地利的约瑟夫二世（Joseph Ⅱ）亲自在田里耕犁——绵羊就已经跨越了所有国家和习俗的边界，与现代化结合在一起。

然而，其实早在中世纪和近代早期，欧洲就已经积累了这样的经验，就是绵羊的毛不仅可以织成粗布或细布用于保暖，而且是一种能够瓦解所有国家社会组织的原材料。例如在西班牙，羊群破坏了在收复失地运动中取得权势的贵族建立的、带有阿拉伯色彩的农耕文化，并阻止了几百年之久的传统农业的回归。在英国也是如此，卡尔·马克思（Karl Marx）所说的“原始积累”，就是把农民赶出自己的土地，变成“大量不受法律保护的无产者（Masse Vogelfreier Proletarier）”，可以说是绵羊偷走了农民的一切。这一进程从中世纪晚期开始持续到19世纪。贵族的土地主将耕地改造成牧场，因为羊毛能够带来最大的收益。人文主义者托马斯·莫尔（Thomas Morus）常说“吃人的羊”，指的就是羊毛对农民的生存肆意妄为的破坏。与此同时，农民对乡村共有土地的权利也被强制剥夺。那些使“到处都无用地塞满了房屋和城堡”的“封建家臣”（马克思语）都解散了。16世纪与莫尔同时代的人曾抱怨道（此处引述自雅克布）：“是的，这些绵羊应该为所有的不幸负责，因为正是它们把农业赶出乡村，而之前各种食品都是由农业生产提供的，但现在什么都没有了，只有绵羊、绵羊、绵羊！当不仅有足够的绵羊，还有公牛、奶牛、母猪、仔猪、鹅、阉鸡、蛋、黄油和奶酪，当然除此之外还有足够的面包原料谷物和麦芽谷物的时候，并且所有的东西都能在自家农场饲养，情况才会变好一些。原先100或200名靠此为生的人，现在却被3个或4个牧羊人取代，当然农场的主人还在。”就像三百年后，受到无产阶级化威胁的手工工人激烈反对作为机器化生产先锋的工厂制度，当时的农民也奋起反抗他们所有不幸的根源：绵羊。数以万计的农民在各种起义中被屠杀。到头来，一切反抗都是徒劳的。“掠夺教会地产，欺骗性地出让国有土地，盗窃公有地，用剥夺方式、用残暴的恐怖手段把封建财产和克兰（氏族）财产转化为现代私有财产——这就是原始积累的各种田园诗式的方法。”马克思概括道。与所有这些暴行相对应的，是数量日益增多的绵羊。

在18世纪末和19世纪，苏格兰高地大部分说盖尔语的农民遭受了一场种族清洗式的驱逐。当地的农民经济必须让位于牧羊业。被驱逐者以最低廉的价格获得了海边的土地，农民必须掌握对他们而言完全陌生的捕鱼技能，才能补充微薄的农田收益。绝大多数人直接移居到新兴的工业城市，或者搭乘去澳大利亚或加拿大的移民船只去自谋生路。整个国家残酷的人口缩减和通过“绵羊化”“清洗高地”的名声被载入史册。它构建了以浪漫主义神话著称的苏格兰高地风景的

和平共存：让－弗朗索瓦·米勒（Jean-François Millet）的牧羊人主题画《牧羊人看管羊群》描绘了牧羊人在一块收割完的耕地里放牧的场景

真实历史背景，其自然的结果就是一片荒芜。

同样在德意志，贵族地主饲养绵羊与农民利益之间的冲突也愈演愈烈，因为贵族不尊重乡村合作社的土地权利，对牧场用地的要求日益高涨。然而，德意志四分五裂的状态抑制了冲突的发展。统治者们都反对将冲突扩大化，因为如果没有农业经济的有效运作，他们的领地将难以维持。另外，他们自己也想通过绵羊牟利，并且为地方的贵族设置了各种限制。通过绵羊，可以看出德国专制主义的特征：统治者虽然给饲养绵羊留有一席之地，但绝不允许其变成大地主使用土地的一种破坏性方式，通过这种方法，专制主义在启蒙时期成为农业现代化的主要推动者。一种骑士和爵士等中小贵族原本指望可以当作保护伞仰仗的中央权力制度，在政治权力上便失去了其原有的作用。但是，诸侯国需要臣民。因此，不能再因为绵羊而驱赶农民，谁也承担不了相应的后果。

没有猜疑和可能出现的反抗，德意志的农民同样没能盼来自己的君主在农业改革上做出尝试和努力。因此，经历数月长途跋涉终于抵达施瓦本高山牧场的西班牙美利奴羊并未受到当地养羊的农民和牧羊人的热烈欢迎。特别是牧羊人，他们的自信源于职业中流传的特殊和秘密技能，除了经验以外，迷信在这项技能中也占据一席之地，正因如此，牧羊人对这些“异乡人”并没有好言相待。德国现代农业的奠基人阿尔布雷希特·泰厄（Albrecht Thaer）就曾抱怨道，牧羊人“心中充满了偏见”。他们坚持“被自己牢记的固有观念，满是固执和手工业者常有的傲慢，面对显而易见的事实，他们的思想显得顽固不化”。

各国君主意识到，如果没有对牧羊人进行完善的培训和改造，牧羊方式的现代化和美利奴羊计划可能会化为泡影。因此，在萨克森、巴伐利亚、普鲁士纷纷建立了牧羊人学校。萨克森甚至请来了西班牙的教员，以便传授与伊比利亚绵羊的相处之道。在安斯巴赫边境总督辖区，牧羊人学校的名称为“绵羊改进栽培学校”。普鲁士的弗里岑有一座“王室牧羊人学校”。泰厄也在他位于勃兰登堡默克林的试验农场里为牧羊人创办了一所培训学校。

这种现代专业化的形式对于牧羊业而言的确是一场文化革命。牧羊人的教育水平得到提升。在一个勃兰登堡农场的档案中，记载了1787年的情况：农场牧羊人已经不再使用符木记账，而是使用登记簿，这说明，他们已经掌握了写字的能力。威廉·格林（Wilhelm Grimm）在1813年写给好友哈克斯特豪森（Haxthausen）的信中提及一位深受启蒙思想影响的牧羊人，格林十分确信，此人不再相信鬼神之事。在历史叙述中，关于西班牙对启蒙思想在欧洲传播上的贡献，尚未有充分的评价。西班牙虽没有输出思想，但输出了有精致羊毛的绵羊。这不是发生在学术沙龙和精英人士圈子的启蒙，而是席卷普通民众、农民和牧羊人的启蒙，教会他们如何对待新来的牲畜以及和自然相处的全新理性的方式，并帮助他们摆脱蒙昧主义的思想。1根美利奴羊的羊毛有15到25微米细，10000根美利奴羊的羊毛长在1平方英寸（1平方英寸等于6.4516平方厘米）的皮肤上。每只羊的羊毛可以纺成35千米长的纱线。在欧洲，已经很久没有如此神奇的原料可以盈利了。令牧羊人感到高兴的是，卖掉羊毛的收益完全可以抵补剪羊毛的费用。如今，牧羊人主要以景观保护的方式生产羔羊肉和其他公共产品，这是他们生存的两大经济支柱。绵羊很快就适应了新的饲养条件。来自西班牙美利奴羊的两大品种——美利奴羊和美利奴肉羊至今一直在生产精细的羊毛。这一特征保留了下来，因为不能排除将来它们的羊毛可能会再次变得热销起来。不过饲养员在工作中会格外重视羔羊肉可观的价格和母羊极强的生殖力。因此，绵羊的体重越来越重，个头也越来越大。它们中仅有一小部分仍需要牧羊人进行数百千米的长途驱赶。或许，这种对新的条件和需求的适应能力也是美利奴羊的价值吧。

现在，大部分美利奴羊生活在澳大利亚。在澳洲大陆总数约5000万的绵羊当中，有4000万只属于美利奴羊的品种。与之不同，在新西兰南北两岛上，大约3000万只绵羊都是英国罗姆尼羊（Romney）品种，其羊毛和羊肉产量都是非常高

一个人正在获取羊毛的收成。安东·莫夫，《一个剪羊毛的人》

的。在全球羊毛和羊肉贸易中，澳大利亚和新西兰在生产和出口方面名列前茅。中国也是一个重要的绵羊养殖国，但是仍然需要进口大量的羊肉和羊毛。另外，作为家养绵羊的发源地，近东和中东国家也大量进口澳大利亚和新西兰的羔羊肉和普通羊肉。至于欧洲，例如在布商传统依然活跃的意大利，若没有来自南半球的羊毛进口是不行的。可以说，美利奴羊的饲养使绵羊成为全球性的农场动物。

绵羊、狗和狼

在现代犬的品种标准中，有时会出现“工作犬”这个有趣的概念。它涉及一个时代的来源，在现代，狗最主要的功能不是社会工作，也就是说，狗只是人类的生活伙伴。这里完全没有任何贬低的含义。但是，人类和狗的关系能够获得哪些收获，达到怎样的深度，以及如何保持和谐，则主要表现在他们一起工作并共同承担任务的过程当中。保护羊群就是真正意义上促使人类和狗密切合作的任务。因此，我愿意向喜欢狗却有时深深困惑于现代狗和人类关系的读者推荐，可以去探访一位牧羊人和他的狗，并观察二者看守羊群的情况。

狗永远是牧羊人的骄傲。牧羊犬的放牧能力是牧羊人亲手教的独一无二的技能，而动物饲养、动物健康、饲料获取和市场营销，所有这些牧羊人日常工作的组成部分，多多少少也可适用于农业的其他分支。根据教育标准，今天的牧羊人是“动物的主人，专业方向是绵羊”。当然，不乏具有身份自豪感的牧羊人，他们喜欢自由、重视传统，并且同情那些没有运气同绵羊和牧羊犬朝夕相处的人们。但凡他们颂扬自己的职业，都会以牧羊作为标准来衡量。牧羊比赛就是牧羊人的节日，他们会穿上特有的职业服饰——宽边帽檐的毡帽、牧羊衬衫、锃光瓦亮的黑牧靴以及镶着52颗闪光珠母纽扣的牧羊背心，其寓意是一年有52个星期。

每年9月某一个晴朗的周末，德国古代牧羊犬养殖协会（AAH）会在梅克伦堡的洛门组织一场联邦牧羊成果展示。来这里参赛的都是各州的获胜者。德国古代牧羊犬养殖协会的宗旨在于：促使德国不同种类的牧羊犬，特别是其中一些濒临灭绝的品种，能够更好地生存下去。德国古代牧羊犬协会的支持者并没有特别强调"品种"。他们既不致力于让牧羊犬的不同种类在国内和国际上作为"品种"得到承认，并按照固定的标准饲养，也没有兴趣了解所谓的"美丽养殖"。至于牧羊犬是否必须像它们的名字一样学会放牧，在他们看来也并不重要。

这些古代牧羊犬的外形的确很漂亮，19世纪末马克斯·冯·施特芬尼斯（Max von Stephanitz）以它们为基础培育出的德国牧羊犬（Deutscher Schäferhund），很快就成为出口畅销品种，它们原本的工作是牧羊，但实际上却很少以此为专职。20世纪80年代末，当德国古代牧羊犬养殖协会成立的时候，农业领域开始到处抗议古老的、地区特色鲜明的、强壮的家养动物品种的消失，以及水果和蔬菜品种的消失。这一方面是为了在文化上加强对家乡风土文化的保护，另一方面也是饲养的实际需要，因为过度集中在少数高产的品种或种类上会导致基因丰富度降低。与之相反，古老的品种可以用来构建一个基因储备库，以此为基础，在动物饲养过程中，诸如抵抗力强、易被满足和寿命长等基因特征可以随时被调出、使用。黄颊犬（Gelbbacke）、中德黑犬（Mitteldeutscher Schwarzer）、南德黑犬（Süddeutscher Schwarzer）、狐狸犬（Fuchs）、施特罗伯尔犬（Strobel）、老虎犬（Tiger）、施笃姆珀尔犬（Stumper）、韦斯特林犬（Westerwälder Kuhhund）和长毛犬（Schafpudel）等品种能存活下来要归功于这种反思。在德国中部饲养的品种——比如黄颊犬、黑犬、狐狸犬——看起来很像小型的短毛牧羊犬。南德的品种，比如施特罗伯尔犬，体形更大一些，有翻耳或竖耳。所有这些品种都具备了牧羊犬的基本特性，包括敏捷、机灵、有耐力以及某些基础的本能。作为羊群必不可少的组成部分，它们必须能够把羊群聚集在一起。人们称之为“牧羊的本能”，一些已经远离绵羊的牧羊犬主人对此感到刻骨铭心，尤其是当牧羊犬在缺少合适对象的前提下却必须开始守护整个家庭的时候。

在洛门，320只黑头肉羊（Schwarzköpfige Fleischschafe）等待着牧羊人和牧羊犬在它们身上施展技艺。它们都属于东道主、牧羊人大师里克·纳勒（Riko Nöller），他作为梅克伦堡州的冠军也参加了此次比赛。纳勒来自一个传统的牧羊人家族。他谈论起绵羊来，就像葡萄农谈论自己的葡萄酒一样。尽管纳勒没有使用“风土”（Terroir）一词，但在谈到黑头肉羊特别适合梅克伦堡的土地时，他表达了与之类似的意思。羔羊肉不仅快速增长，而且非常可口，纳勒故而将其列入顶级餐饮的名单。他的牧羊助手是主牧羊犬麦克斯（Max）和副犬比纳（Biene），两只犬都属于中德黑犬的品种，都具备极强的“抓住绵羊后腿”的能力。如果它们想要获得羊群的尊重或者惩罚在路边“偷食油菜籽的绵羊”，就会咬住绵羊的后腿（Keulengriff）。当然咬后腿、肋骨和脖颈是有区别的。每只牧羊犬只能使用其中的一种方法，犬主人必须在比赛开始前向裁判说明。

洛门当地的牧羊竞赛跑道建在一片广阔的、刚收割完的油菜籽农田上。场边还有加顶棚的观众席，节日的帐篷里有乐队在演奏乡村音乐，猎枪的枪口下满是野猪和家猪，锅里煎着焦香的羊羔肉，当地的啤酒厂安装了足够多的龙头，各种商铺完全能满足农民对农业器具和纺织品的需求。联邦牧羊竞赛也是一个民间的节日。里克·纳勒亲自拉下了标有数字“1”的起点条幅。从动物们出栏的第一刻开始，就需要牧羊犬和羊群展开完美的合作。一只牧羊犬早已“站立”在栅栏出口旁边，它的作用就是防止羊群突围逃走。另一只牧羊犬则带领绵羊向前行进。羊群就像一股柔和的溪流从栅栏中涌出，在羊群的前端可以看到里克·纳勒。他手中高举着铲子，指引羊群迈着从容的步伐踏上一条用垄沟（Furche）标记的道路。羊群必须先后两次向右急转弯，然后跨过一座“桥”。两只牧羊犬要在桥的栏杆旁守卫，确保羊群不会突围散开。它们通过主人的召唤和手势确立所处的位置。羊群过桥之后，会进入一个“宽敞的屋子”。它们会在那里停留片刻，并安静地进食。当然实际中很难做到，因为羊群吃饱后，在盛夏温暖的阳光照射下，喜欢把头藏在同伴的影子里。牧羊犬应当和它们保持一定的距离，并留意羊群的动向。一只负责在路边巡逻，另一只陪伴在牧羊人身边。在“狭小的屋子”里，特别重要的是，要把羊群赶到一条同样通过垄沟标记的窄路上去。凡是试图到界线另一侧偷偷吃草的绵羊，都会遭到牧羊犬的处罚。在最后的回程途中，牧羊犬必须通过“护卫”羊群为相向而来的汽车留出行驶空间。

我们会发现，在牧羊犬的牧羊比赛中，“垄沟”发挥着重要的作用。垄沟是用来标记界线的。牧羊犬必须“在垄沟中行走”。牧羊人赶着羊群按着地面标示迁徙，地面标志明确规定了一个地区的耕地范围。在由后代平均继承地产的地区，所有农田必须划分为小块的四方格子。一般来说，动物们会在其中的某一块儿田地留下自己的粪便，那么旁边的另一块儿就不能再种植新绿的越冬作物秧苗。这是为了防止羊群在从一个牧场转到另一个牧场的途中受到路边作物静候的诱惑。为了完成这一任务，牧羊人、牧羊犬和羊群必须始终做到和谐共舞。多数情况下，牧羊人会任用两只牧羊犬。主犬应尽可能独自聚拢并带领羊群前行，与此同时，远处的牧羊人会通过口令和动作引导和指挥主犬。副犬由牧羊人用铁链拴在身旁，以备不时之需。

关于以上场景中的基本角色，汉斯·希弗拉尔德（Hans Chifflard）和赫伯特·赛纳（Herbert Sehner）在其经典著作《牧羊犬的驯养》（*Die Ausbildung von Hütehunden*）中是这样描

在山区，绵羊通常分散开吃草。牧羊犬守卫着羊群

述的："垄沟的保持、羊群的自卫和迁移是牧羊犬工作的根本前提，也是牧羊技术的关键因素。"和垄沟相关的口号有"垄沟"，或"停在垄沟前"，或"蹚过垄沟"。牧羊犬必须在垄沟里，也就是沿着边界陪着羊群前行，在整个过程中还必须在队伍的前端和末尾之间来回巡查。牧羊犬的功能相当于一个活动的护栏。一只幼犬通常需要3至8周的时间才能掌握这一技术。

牧羊冠军里克·纳勒为他的德国古代牧羊犬感到自豪。对他而言，牧羊犬集中体现了这项技能长久以来的传统，并为载入中欧农业历史的羊群—牧羊犬—牧羊人系统的完美化做出了重要贡献。不同的牧羊犬讲述了不同的故事。但是，作为不断变化的土地使用结果，这些故事越来越多地交织在一起。纳勒对边境牧羊犬（Border Collies）的评价并不高。这是一种纯粹的杂交品种的犬，最初并非用于牧羊。尽管如此，在欧洲大陆上可以看到这种来自英格兰和苏格兰边境地区的勤奋的犬越来越多地投入到牧羊的工作中。它们所遵循的是另一种和谐共舞的方式。比如，在垄沟里行走就不属于它们的职责。在家乡，边境牧羊犬必须把高原牧场上放任自由的绵羊聚拢并赶到一起。行进过程中，它们把身体蜷缩得像猫一样，用目光紧紧盯住羊群。“紧盯”（Auge）是边境牧羊犬重要的特性之一，取代了其中欧远亲的“抓”的动作。这并不意味着它们不咬绵羊。但是，它们控制羊群最重要的方式正是严厉的目光，即“紧盯”。边境牧羊犬的机智和极其突出的取悦于人的意愿，即被人们称为“驯服”的性格，使它成为农业生活中的理想助手。它们对于在固定一处饲养绵羊的发展趋势是有益的。不仅如此，它们作为家养犬，即使在犬类群体中，也能结交很多朋友。边境牧羊犬最真诚的本性还是体现在绵羊身上。它们独特的牧羊风格很容易让人觉察到，其整套动作来源于狼的捕猎行为。它们会耐心地观察羊群，在羊群周围蹑手蹑脚地徘徊，寻找合适的攻击目标，突然起跑并将其捕获。对照狼的行为顺序，唯独删去了致命一咬的步骤。所以，牧羊人的得力助手保留了自己“猎人”的身份，却是酷爱抖动尾巴的“猎人”。

在中欧和西欧，绵羊—牧羊人—牧羊犬的系统顺畅地运行了一百五十年之久。也就是说，自19世纪中叶以来，狼几乎从这片土地上消失了。偶尔会有几只游荡的野狼不时出没并唤醒人们对遥远过往的回忆，想当初，狼群对当地居民的生存构成了极大的威胁。损失一头山羊、一头奶羊、一只牛犊，对贫困条件以下的居民而言，很可能引发饥荒。如今，强势的狼群重新回到它们古时候的生存区域。2000年，德国上劳西茨有一对野狼在穆斯考海德军事训练区首次繁殖了幼崽。中欧的野狼数量一直在稳定增长。据统计，2016年德国境内的狼群数达到40多个，这里的狼群是指狼的家族，由公狼、母狼、新生狼崽和上一年的几只幼崽组成。虽然它们的生存区域集中在东部和东北部，但是在德国南部和西部，人们也越来越多地感受到狼的存在。凡是狼出没之处，当地牧羊业的结构都会发生彻底的改变。2015年，德国约350只牧场牲畜，主要是绵羊以及一些山羊、牛犊和鹿成为狼群的受害者。只要一想到，仅在法国阿尔卑斯山梅康图尔国家公园每年就有几千只绵羊惨遭狼群的捕食，就知道以上数字其实并不算多。但是，绵羊主人必须从现在起考虑到随时随地都有可能遭到狼群的攻击。

在劳西茨，人们很快意识到狼群的回归成为牧羊业的历史转折点。首先，新出现的德国狼群多将其活动范围局限于军事训练区。然而，一旦幼崽迁徙的时节到来，狼和绵羊的碰面将不可避免。让我们来追踪一群穆斯考幼狼的行迹，它们包括1只母狼和3只公狼，事情发生在4月的一个晚上。它们缺乏丰富的捕猎经验，只能艰难依靠途中找到的主要是路边的腐尸为生。运气好的时候，能找到一只死鹿。但多数情况下，只能勉强靠刺猬、狐狸和貂糊口。当晚，幼狼们在米尔罗瑟村子附近嗅到了一股令人兴奋的气味，既陌生又诱人。它们一边怀疑气味的来源，一边在犹豫中向森林的边界走去。就在边界的过渡带上，安静地站着几只正在反刍的绵羊。一张红色的铁丝网让幼狼越发烦躁。它们退后几步，并努力嗅到了野猪留下的新鲜气味。跟着气味，它们终于找到野猪冲破栅栏的地方，靠近绵羊的道路再也没有阻碍。

母狼第一个冲了上去，它直接扑向一只绵羊的喉咙，将其压倒在地上，紧紧地控制住绵羊，直到后者咽气。3只公狼紧随其后，羊群瞬间乱作一团。幼狼原本只想享用到手的猎物。但是，随着咩咩的叫声四起，越来越多的猎物聚集到幼狼的面前。幼狼除了抓住猎物，没有别的选择。15具绵羊尸体全部都有典型的锁喉咬痕。事后，各大报纸称之为一起“血案”。但实际上，狼群并非陶醉于杀戮，只是顺从了自己的本能而已。它们重新回来，一次咬死多只绵羊，这就是事情的经过。

对于来自罗纳的牧羊人弗兰克·诺依曼（Frank Neumann），受害羊群的主人，当晚的狼群袭击事件意味着他迄今为止职业道路的终结。事情发生后，他一度不知道今后该如何继续。但是，他做了一个重要的决定，就是接受狼群对羊群构成的新的——其实完全是旧有的——挑战，并适应狼群持久的存在。诺依曼学习了在中欧普遍流行的牧羊技能。他培养牧羊犬去保护羊群，努力把它们融合在一起。而保护羊群免受大型捕猎动物，例如狼、猞猁或熊的袭击，在他看来并非最急迫的。现在，诺依曼已经成为牧羊业文化革命的先驱者。将牧羊犬投入到这一地区的行动完全可以被视为一场文化革命，因为这里最古老的文化技能已经消失好几代了。牧羊人

在朱塞佩·帕利奇（Giuseppe Palizz）的油画中，牧羊人和绵羊信赖牧羊犬。《牧羊人和羊群》，1888 年以前

诺依曼成为劳西茨牧羊犬培育的先驱。他最开始培育的是比利牛斯山地犬（Pyrenäenberghund），法国品种，是瑞士的羊群保护专家推荐给他的。

在和毛茸茸的、与被保护的绵羊外形相似的牧羊犬交往时，诺依曼必须首先学会忘记和普通犬类交往时所有一直被认为是理所当然的事情。重要的不是牧羊人和牧羊犬的合作，而恰恰是两者保持一定的距离。牧羊犬应当习惯和人保持较远的距离，比如，能够自己主动上下汽车，或者接受兽医的诊治。不仅如此，它们的第一“关系人”必须是绵羊。牧羊犬生长在羊群之中，并且应该学会保卫羊群。也就是说，牧羊犬24小时都待在羊群之中。在一段适应期之后，羊群会接受牧羊犬作为它们的“同类”。只要有人靠近羊群，牧羊犬就会通过大声吠叫标记出它们的领地。多数情况下，这种方式足以吓退动物或人类袭击者。尽管牧羊犬并非战斗机器，但是忽视它们警告的人，必须考虑其行为可能的后果。对于许多人来说，这是完全陌生的，因为在他们的文化概念中只是将牧羊犬视为亲近、和平的家庭成员而已。

自然保护者总爱强调，通过牧羊犬和电栅栏就可以完全实现一种狼和牧羊业的和谐共生。这在许多地方事实上也变成现实，社会已经做好为牧羊人补偿额外费用的准备。狼群一旦占据新的领地，常常会导致牧场动物的重大损失，因为动物主人没能及时适应新的情况。只要采取新的牧羊犬防范措施，损失就会立即减小。当然还有一些地区和不同的绵羊饲养类型尚未找到保护羊群的有效方法。例如，在沿海地区，羊群通常在堤坝上吃草，这些堤坝绵延数千米之长。这种直线型的地形结构，使得无论是使用栅栏还是牧羊犬都很成问题，因为在堤坝沿线常有游人用的自行车道和步行道经过。狼群在浅滩上出没的情况并非完全不可想象，例如已经有狼群在库克斯港附近定居了。

另外一个有问题的地方是高山地区。在高山牧场经济流行的地区，肉眼所及范围相对较小，绵羊主人和狼群之间在可预见的时间内得以和平相处。当地农民将狼群的回归视为对传统的威胁。高山牧场经济的传统对于巴伐利亚的生活感受及当地旅游业都十分重要。

高山牧场经济在自然保护观点中也具有非常重要的价值，因为放牧有利于创造一个具有极高物种多样性的生活空间。羊群相当于粗放的高山牧场经济这锅汤中的盐。它们吃高山上的草，所到之处通常在牛到达不了的海拔高度。在巴伐利亚阿尔卑斯山区并没有大型的羊群。动物们被划分成不同的小组，自由吃草，也就是说，它们没有受到任何保护。一只狼单枪匹马就足以毁灭这种养羊的方式。羊群的主人许多都以务农为副业。他们饲养一些绵羊，在高山牧场放牧，以确保家中代代相传的放牧权不会失效。可以看出，高山牧场与绵羊养殖相关联的情感价值体现出特殊的意义。

如果欧洲高山地区粗放的放牧经济想要拥有美好的未来，抵抗狼群的斗争是不可避免的吗？可以预见的是，其结果不会是真正的和平。原因在于事物的本质。但值得记住的是，早在狼群灭绝之前长达几百年的时间里，就有羊群在阿尔卑斯的高山牧场吃草，就像今日在比利牛斯山或喀尔巴阡山的情况一样，这两个地方至今还有狼群出没。我们必须把本就该在一起的东西重新聚集在一起，不只是绵羊和牧羊犬，还有牧羊人。没有牧羊人也是不行的。6月把羊群带到牧场，让它们自由地吃草，到9月再带回到山谷，这一套程序在狼群出没的地方就变得毫无意义了。羊群必须被保护起来。大卫·格克（David Gerke），生物学家，也是牧羊人和“瑞士狼群小组”的主席，一直不知疲倦地宣传牧羊业的复兴。他认为，所谓的自由夏季放牧并非一种古老的、值得保留的传统。羊群吃草对高山牧场生物多样性的生态影响可以通过有效的牧场管理得以优化。如此看来，狼群是改善绵羊养殖文化的一个很好的动因。

狼把绵羊、牧羊人和牧羊犬撕裂为一个近乎混乱的事件系统。狼也粉碎了人们在看到吃草的羊群时常会深陷其中的对田园式永恒的幻觉。狼群坚决而断然的出现，使牧羊业在一定程度上获得了之前从未有过的公众关注度。大多数牧羊人认为，他们不需要狼。但是，自从狼重新回归以来，许多人都担忧，牧羊人需要什么，以及需要牧羊人去做什么。

和绵羊一起变聪明

阿尔弗雷德·布雷姆（Alfred Brehm）并不是绵羊尤其是家养绵羊的朋友，尽管好几代德国人都从他的巨著《动物生活》（*Thieleben*）中接受过动物学的教育。在书中他写道，和其他家养动物相比，在绵羊身上更多能看到的是："奴隶制是如何造成退化的。"（他使用了"退化"这个动词的及物用法）驯化的绵羊"只是野生绵羊的一个影子"。一向和绵羊极为相似的山羊一定程度上在"囚禁"中保存了自身的独立性，"绵羊却在为人类服务的过程中变成了意志全无的奴仆"。布雷姆关于绵羊的性格学结论实际上是毁灭性的。一旦人们开始读他的《动物生活》，在经过以下一番对可怜绵羊的言语重击后就根本不可能再明白，其实是上千年的祭品文化史在这里发挥着作用："家养绵羊是一种安静的、耐心的、温驯的、单纯的、奴颜婢膝的、意志薄弱的、胆怯的，一言以蔽之——极其无趣的创造物。人们甚至都说不出它特有的个性；性格更是不存在的。只有在发情期的时候，绵羊才呈现出和其他类似反刍动物的不同之处，并且多少能显示出其本性中人类能

来自荒芜深谷中的祖先：布雷姆《动物生活》中的欧洲盘羊

够参与并施加影响的一些特征。平时，绵羊表现出的是家养动物一般都没有的一种精神上的愚钝性。它什么都不懂，也不学，因此也不懂如何自救。如果不是有私欲的人类把绵羊完全置于特殊保护下，它一定会在最短的时间内消失殆尽。绵羊的胆怯是可笑的，怯懦是可悲的。”

针对这一结论是否“真实”的疑问对理解这一无稽之谈的贡献如此之少，以至于很少有人对布雷姆《动物生活》的质量提出质疑，即检测他的论述是否符合动物学的知识标准。他的动物学研究没有使用自然科学的专业术语，更不用说分类学的拉丁语名称了。今天，布雷姆的思考方法被普遍认为是“与人类同型的”。他不假思索地认为动物具有人类的特征，抑或使用人类行为的阐释模式去描述动物行为，具体而言就是一种形象生动和充满活力的描述方式，在这一方面，没有人能在短时间内仿效他。布雷姆对鼷鼠的性格刻画非常有名，他将其形容为“嗜血、残忍和复仇欲强”。同样，他以一种轻蔑的语气描写鹿，“根据最新的观点，和其他野生反刍动物相比，鹿既不聪明也不可爱”，甚至不能“认真考虑自己的行为后果”。

“动物之父”布雷姆对和我们人类同属创造物的动物的评

价缺乏严谨性。他的好感和反感是随意的。但是，他对绵羊的中伤，正如所有人都看到的，已经出格到严重的地步。布雷姆的长篇空论在其对绵羊的判决中达到了顶峰，他把绵羊称作一种“极其无趣的创造物”。之所以如此，是因为绵羊作为“意志全无的奴仆”彻底沦陷到对人类的依附之中。身为图林根牧师之子的布雷姆究竟因为什么而和现实生活中本就属于其乡村背景中基本配置的绵羊结下恩怨呢？如果调查这个问题，一定会非常有趣。人们在提出这一问题的同时，已经料到一种可能的答案。布雷姆刻画的绵羊反映了他作为年轻人来自的那个相对闭塞的世界，他曾是一名尼罗河贵族探险家的秘书，汉堡的动物园园长，柏林菩提树下大街水族馆的创始人，知名作家和巡回演讲家。他生于1829年，经历了德意志逐步脱离前现代并努力尝试与工业和政治现代化接轨的时期。1884年他去世时，德意志帝国正准备公开宣称在非洲和南太平洋殖民地拥有“阳光下的地盘”。尽管布雷姆时常回到伦滕多夫的父亲家中，但他的确是大转折时代即高度激进的现代化时期的见证者、亲历者和实践者。他抓住了这一觉醒时代提供给他的契机。如果遵循绵羊的忍耐和服从的性格，他也不会成功。作为在德意志新教牧师家庭长大并接受资产阶级教育的后代，他尽管可能承受了现代化进程中特有的痛苦，但是，他毫不怀疑所谓“进步”的基本方向。绵羊神化为牧歌式的、没有异化的存在的允诺，这样的形象对布雷姆而言是没有用武之地的。牧羊人的生活应该排在他所追求的生活方式当中的最后一位。

布雷姆的时代一直都致力于展示资产阶级的精神。牧歌式的小说和牧羊人游戏的轻浮故事都堆在落满灰尘的贵族图书馆里。19世纪被称为“宗教改革故土的新教世纪”，在这期间，美丽牧羊女的性感魅力失去了作用，松动了的社会品德更是变得毫无意义，而这种社会品德正是牧羊人具备的，因为他们能够在没有直接社会约束的情况下独立地完成工作。早在很久之前人们就说，在牧羊人身上发生很极端的事情，是完全可能的。伍迪·艾伦（Woody Allen）将他对绵羊的性爱癖好通过电影《性爱宝典》（原名:《关于性爱，你想知道的一切，却又不敢问》）的一个片段表现出来。他从历史的沉沦中选取牧羊人比赛，将其放置在国际大都市纽约的背景当中，亚美尼亚的牧羊人米洛斯·斯塔夫罗斯（Milos Stavros）被驱逐到这里。不幸的是，他恋爱了，并向纽约人、心理医生罗斯（Ross）寻求帮助。他的爱慕对象不是漂亮的牧羊女，而是绵羊戴茜（Daisy），后来，就连医生也屈服于它不可抗拒的性爱魅力。我们应该把这种完全难以想象的相遇归功于伍迪・艾伦的创作天赋：一位来自高加索的牧羊人和一名纽约的医生在对绵羊的爱恋中相遇。这个故事不仅是一部动物喜剧，而且提供了一种多层折射、反映我们文化来源的视角。

布雷姆去世一百五十年后，也就是在他经历过开端的工业化时代的末期，牧羊人的生活重新成为畅销书的主题。詹姆士・雷邦克斯（James Rebanks），来自英国北部湖区的牧羊人，写了一本书叫《我的牧羊人生活》（*Mein Leben als Schäfer*），成为这一主题的典范之作。在书中，他聪明地描写了绵羊、家乡、风景、家庭和全球化。雷邦克斯不是“避世者”。对，他不是，为了能在牛津上大学，他离开了自己的村子。但是后来，他重新回来，开始从事家族几代人一直热衷的牧羊业。同时，他还是联合国教科文组织的顾问，经常辗转于世界各地。但是，对于他来说，最重要的依然是绵羊。书中的文字非常真实，比如一些关于和羊群一起工作的实际技能的内容。雷邦克斯描述的乡村生活和注入这一概念的城市生活投影几乎没有关系。这本书的可信度很有可能是作者在城市读者群中取得巨大成功的主要原因，对于城市读

她充满希望地露出手臂。威廉－阿道夫·布格罗（William-Adolphe Bouguereau）的《年轻的牧羊女》（1868），画中是一位带着浓烈情色意味的圣女

者来说，时常被毫无美感的乡村娱乐服装装饰显然是件痛苦的事情。如果雷邦克斯想把著作搬上屏幕，必须换掉巴伯夹克和越野车才行。正因为他没有忽视绵羊对于土地耕作的坏处，才能够理解隐藏在这种生活方式中的幸福感。可以说，从对羊群的责任感中滋生出一种不可动摇的生命意义。书的最后，雷邦克斯运用了一种将牧羊人的存在稍稍加以神化的手法，在这个变形的过程中，眨眼示意也许仅仅来自于太阳。他和两只牧羊犬弗洛斯（Floss）和谭（Tan）把羊群赶到了高山牧场，工作终于完成了："然后我躺下来，抬头望着在我上空飘过的白云。弗洛斯在小溪边戏水、降温，谭在一边轻轻碰了我一下，因为它从来没有看过我如此无所事事的样子。它甚至从来没有见过我像现在这样径直躺到草地上。它还没有过过夏天。我吸了一口清凉的山风，看一架飞机在蓝色的天空中划出一条白线。母羊一边不断地往山上攀爬，一边回头招呼紧跟自己的小羊羔。这就是我的生活。我别无他求。"

读者对雷邦克斯好评如潮，因为他作为牧羊人和世界公民表达出一种对未来的承诺。在全球化的时代，还存在着一种迁移，即去往自古以来就有绵羊咩咩叫的地方。在精神世界中，很多人都有自己非常期待的旅行。它们可以是一种真实的选择，在雷邦克斯的书中就有非常令人惊奇也非常令人不安的故事，这些故事恰好和常常被认为属于一种冷漠的全球化现实主义的冷酷姿态相矛盾。可以肯定的是，不是每个人都愿意把自己在大间办公室里完全电子化的职员生活和在美丽如画的高山风景中的牧羊人生活做交换。但是，事情的重点也并非如此。极富浪漫主义色彩的对现实的逃避不应该是我们讨论的话题。恰恰相反：我们应该努力开拓一种新的现实主义视角，重新看待我们的环境和农业，同时也应克服我们在原料生产方面的盲点。绵羊就是这方面最好的师傅。它们的生活环境不是大型的家畜厂房。尽管羊毛是现代化进程重要的推进剂，绵羊至今依然与工厂生产相脱离。这对绵羊来讲是有益的，与猪、牛和鸡等其他家畜和家禽相比，绵羊几乎不能通过强化喂养来提高产量。给要求不高的绵羊喂食精饲料是不切实际的。绵羊因此保持了野生动物的天性，在生存过程中与四季更迭和植物生长周期自然契合。因此，与绵羊相处还可以教会我们关于土地及其使用的基本知识，从而传授了我们关于人类生存的物质基础的知识。

欧洲的自然环境处于一种长期的危机之中。农业经营者到处为自己的生存而斗争。独自耕种自家土地而不转变为大型农业企业集团免税合作伙伴的农民，早已不复存在。一种生活概念、一种文化也已销声匿迹。家庭传统也随之中断。当我在写作本书的时候，市场正在组织一场针对奶农的“杀戮”。奶农的产品在大型超市里以每升低于50分欧元的价格被廉价抛售。难道作为具有绵羊耐性的“消费者”，我们应当对此作壁上观吗？我们应该接受身边的环境用作农业综合企业的生产地而被破坏殆尽吗？一次彻底的农业转折恰逢其时，而且已经开始进行了。我们不仅可以看到，有机农业几年以来一直在增长，而且有机超市如雨后春笋一般出现在大城市里。在农业生产中重视生态和社会标准的有意识消费，已经成为城市中产阶级的重要生活特征。除此之外，增长的还包括人们认真思考农业发展新模式并付诸实验的决心。农业以城市耕作和城市园艺的形式重新回到城市，尽管实际上农业只是在不久之前，即上个世纪上半叶刚刚消失在城市中。当今，文明的城里人不像那些最后抖落鞋上的泥土并将“乡村生活的蠢事”抛在身后的人一样懂得那么多了。他们更倾向于寻找农民的根和一种新的农民身份形象，并且远离所有反现代化的“血与地的思想”。比如奥斯瓦尔德·斯宾格勒（Oswald Spengler），他形容农民是“不朽之人”。只有在以下

《羊圈里的绵羊》。动物们都安静地待着。此画作者是夏尔·埃米尔·雅克（Charles-Émile Jacque, 1813—1894），观察者也可以保持这种状态

情况使用这个词才是合理的，即当他认为，乡村管理属于人性的一部分，且只有以毁灭性的文化损失为代价才能被分离成一种农业综合企业群体。

因为随着时间的推移种植在阳台上的西红柿再也无法满足城里人的需求，也因为小果园不能完全满足他们对农业的渴望，文明的城里人订阅了《绵羊养殖》（*Schafzucht*）杂志，并从中学到大量有用的东西。他们不仅了解了牧羊人这一职业的多样性和复杂性，而且形成了一种观点，即保护羊群是

一项基本的文化技能，几千年来人们通过这一技能和动物、自然环境、气候构建了一种直接的联系。因此，现在完全可以认为，文明的城里人非常希望能在实践中掌握古老的牧羊知识，并积累和绵羊相处的经验。也许，他们寻找的是志同道合者。为什么以合作社社员自己动手为主的合作社牧羊形式不应该是兴旺的城市农业的一个侧面？抑或是传统牧羊业的一种生存策略？狼群作为最强的催化剂，对此也起到了一定的推动作用。www.wikiwolves.org 的网页发起了在羊群保护方面支持牧羊人的倡议。参与者可以由此获得与羊群相处的基本培训，特别是如何搭建免受狼群侵扰的防护栏，并且为有困难的牧羊人服务。梅克伦堡前波莫瑞州的农业部长蒂尔·巴克豪斯（Till Backhaus）就因为解决社会普遍关心的牧羊人的困难而广受褒扬。其范本是取自瑞士的创意，在那里，牧羊人互助协会多年来一直致力于在狼群回归的时代继续保存传统的高山牧场经济。“牧羊人互助”是一个很好的词，它指明了一条我们如何和羊群共同前进的道路。一些远古的东西必须被重新建构。怀着少许的激情宣布：可以说我们需要一份关于土地可持续使用，特别是关于深化牧羊经济的社会合同。让我们满怀好奇和信心追寻绵羊之路吧。

肖像

家养绵羊几乎出现在全球所有的气候区域。羊肉的流通不会受到任何宗教禁忌的影响。除了肉，绵羊还提供羊毛和羊奶，并和野生动物一起塑造着自然环境。如果没有羊肠，就既不会有纽伦堡烤肠，因为需要羊肠做成肠衣；也不会有柏林交响乐团，因为其使用的小提琴琴弦是用羊肠制作的。绵羊还能在一些其他农场动物无法继续赚钱的领域获得收益，并且使自给农业的简朴形式成为可能，毕竟自给农业在全球营养供给方面比农业世界市场和国际康采恩扮演着更加重要的角色。可以说，绵羊为所有人类文明的基础服务做出了重要的贡献。

绵羊对千差万别的，特别是极度恶劣的生活条件的适应能力对当地和区域的种群多样性发挥积极的影响。农场动物专家汉斯・欣里希・萨姆布劳斯（Hans Hinrich Sambraus）估计全世界的绵羊品种约有500到600种。精确的数据我们无法统计，因为不同品种之间的划分被证明是非常困难的。比如，在英国可以找到很多和德国品种黑头肉羊类似的绵羊品种。国与国之间完全不同的品种名称很可能指的就是同一个绵羊品种。尽管如此，与牛和猪的情况相比，绵羊在更大程度上保存了土生土长的形式。这和绵羊至今大多还是粗放饲养密切相关，而其他食用动物早已不是这种情况了。在羊圈里喂精饲料一直是特殊情况，放牧一直是标准。从绵羊饲养的历史中可以总结出这样的经验：让已经适应了特定地区的绵羊被更有能力的“现代”品种取代的希望是渺茫的。例如，只有灰角欧洲盘羊（Graun Gehörnte Heidschnucke）表现出对杜鹃花的喜爱，就像沼泽欧洲盘羊（Moorschnucke）比所有其他品种能更好地适应潮湿的牧场。当然，19世纪中欧的农业革新通过引进西班牙美利奴羊推动了绵羊种类的统一。不过，随着细羊毛失去了经济上的重要性，以及羊肉和绵羊饲养的“文化价值”的重要性日渐增长，饲养古老的、土生土长的品种的机会也大增，而不再只是某种纯粹的业余爱好。伦山绵羊（Rhönschaf）就是一个很突出的例子。

总体而言，人们之前是根据用途来划分绵羊的品种。比如肉的品种、羊毛的品种和所谓地区的品种，但它们没有向着某个特定的方向被优化。今天，人们在这方面仍没有走得太远。现在，就连饲养美利奴羊也是为了卖肉赚钱，因为最主要的收益来自羊羔肉而不是羊毛。被归类为地区品种的奶羊被集中优化的是产奶功能，以至于这种分类显得毫无意义。

我们特意选取了我们认为读者应当认识的品种，以及那些我们非常喜欢或者背后有着奇特故事的品种进行介绍，但我们并没有妄想通过下文的绵羊品种肖像对世界上的绵羊进行一种有代表性的概括。

美利奴细毛羊

学　名：*Ovis gmelini aries*
德文名：Merinolandschaf
英文名：Wuerttemberger
法文名：Wuerttemberger

美利奴细毛羊绝对是一种“全能羊”，是施瓦本地区给世界的一个礼物。它以“符腾堡羊”这个名字享誉国际。在西班牙美利奴羊历险般地迁徙至施瓦本地区一百年之后的1887年，新成立的德国农业协会的展览上第一次介绍了带有西班牙血统的南德本土绵羊的育种成果，即“南德白头绵羊”（Süddeutsches weißköpfiges Schaf）。之后，“符腾堡羊”这个名字得到了普遍认同，而不是如今在德国及国际上的惯用名“美利奴细毛羊”。全德共有约160万只羊，其中美利奴羊占近三分之一，而在南德这个比例还要更高。按照物种的标准，美利奴羊拥有一只绵羊可以拥有的几乎所有优点。作为美利奴的遗产之一，它的羊毛细密，仅有24至28微米，在修剪之后公羊可产7千克羊毛，而母羊也能达到5千克。即使牧羊人不再能靠羊毛正常生活了（这在如今是正常情况），美利奴羊还是拥有一个闪光点，即出色的繁殖能力。小羊羔体重增长很快。一般情况下一胎产两只。美利奴细毛羊具有长途行进的能力，因此适合放养。唯一的缺憾是这种绵羊并不适合做奶羊。

黑头肉羊

学　名：*Ovis gmelini aries*

德文名：Schwarzköpfiges Fleischschaf

英文名：Black headed sheep

法文名：Mouton à tête noire

19 世纪下半叶由于棉花与羊毛竞争激烈，羊毛价格下降。但同时在工业城市，对肉的需求却增加了，牧羊业经济中羊肉生产愈加重要。这在养殖目标品种上也有所反映。在欧洲，肉羊种类繁多，尤其是英法两国在育种方面可谓出尽风头。19 世纪德国各联邦州为了推进肉羊饲养的发展纷纷进口英国肉羊，特别是产自汉普郡、牛津以及萨福克郡的肉羊。到第一次世界大战期间，德国已经以它们原有的英文名养殖这些种类的绵羊了。之后，就到了将其国有化的时候了。英国肉羊被归入德国的黑头肉羊这一种类，并于 1922 年在德国农业展览会上第一次亮相。这一品种起初主要在东普鲁士和威斯特法伦地区饲养。黑头肉羊占绵羊总量的 17%，是美利奴细毛羊之后全德最多的绵羊种类，不仅适合放养，也适合圈养。小羊羔日均增重 400 至 500 克。公羊可达 130 千克，母羊也可以达到 90 千克。公黑头肉羊将自己的基因遗传给与自己相近的绵羊种类，这样可以生产出更强壮的小羊羔，整个杂交羊群质量也更高。

纳瓦霍羊

学　名：*Ovis gmelini aries*

德文名：Navajo-Churro

英文名：Navajo-Churro

法文名：Navajo-Churro

在欧洲，人们普遍认为，纳瓦霍羊和印第安人没有什么关系。难道牧羊人会是高傲的好战者或者猎人？这一想法之所以很奇怪，是与一种有选择性的、由北美洲中部草原地区浪漫主义色彩演变而来的对印第安文化的认知有关。北美洲的土著居民多种多样，其中水牛猎人只占少数。生活在今天美国西南部的纳瓦霍民族在 16 世纪就与西班牙殖民者有着密切的联系。西班牙殖民者将这种毛质非常蓬松且粗糙的绵羊带到此地。这种绵羊能够很好地适应当地干旱炎热的气候。通过贸易或掠夺，这种来自西班牙的绵羊占有了印第安人的土地并且大大改变了印第安文化。纳瓦霍人变成了流浪的游牧者。羊毛成为他们物质文化的根本基础。直到今天，手工艺术纺织品仍是纳瓦霍民族经济收入的一个重要来源。一些纳瓦霍羊带有斑点。公羊通常有 4 只角，看起来就好像是两对羊角随意交错着安放在公羊头上。1970 年左右，纳瓦霍羊濒临灭绝。善良的饲养员们成立了一个饲养协会，拯救了纳瓦霍羊——这一美国印第安文化历史的活的见证者。

韦桑岛羊

学　名：*Ovis gmelini aries*

德文名：Ouessantschaf

英文名：Ouessant/Ushant

法文名：Mouton d'Ouessant

与欧洲盘羊一样，韦桑岛羊也属于北欧短尾羊的一种。四十年前成立的法国饲养协会明确指出，雄性韦桑岛羊身高最高可达 49 厘米，雌性则为 46 厘米，大约相当于西班牙狗的高度。这一物种起源于法国布列塔尼地区的韦桑岛。韦桑岛位于菲尼斯泰尔省海岸线以西大约 20 千米。冬天和秋天，人们在这里自由地放养韦桑岛羊。春耕之前，岛上的居民将它们赶到一起，交还给它们的主人。韦桑岛羊通常有着黑色的皮毛。它的毛由长而光滑的表层毛和细密的绒毛组成。它们鲜美可口的肉在欧洲大陆受到热烈的追捧，并因此导致在 20 世纪初，人们将体形庞大的生活在布列塔尼陆上地区的绵羊与韦桑岛羊杂交。因此，到第一次世界大战结束时，在岛上土生土长的韦桑岛羊几乎消失殆尽。但是在一些动物园和公园中，有极小部分幸存下来。在 20 世纪 70 年代，这些极少幸存下来的韦桑岛羊在阿莫里克自然公园中得到了很好的照顾，并据此建立了至今非常成功的保护区。从此之后，这种小型羊在原生地区之外的地方也变得越来越普遍。

卡拉库尔绵羊

学　名：*Ovis gmelini aries*

德文名：Karakulschaf

英文名：Karakul sheep

法文名：Mouton de race Karakul

正如一个家庭能够在亚里亚德海度假一样，能够买得起波斯羊羔皮大衣也得益于20世纪60年代德国的经济奇迹。新出生的卡拉库尔小羊羔的皮毛大多为黑色，有时也为灰色或者棕色，呈微微卷曲状，并且带有丝绸般的光泽。从古至今，波斯羊羔皮大衣一直在源源不断地大规模生产。在20世纪，欧洲的中产阶级也能够买得起波斯羊羔皮大衣。如今，它在跳蚤市场也随处可见。由于长时间垄断皮草贸易的都是波斯商人，波斯羊羔皮大衣由此得名。卡拉库尔绵羊原产于中亚的大草原，属于在世界范围内占大多数的大尾绵羊中的一种。像骆驼在它们的驼峰中储存脂肪一样，大尾绵羊可以在其大而长的尾巴周围储存脂肪，因此即使长时间不进食也可以存活。在德意志帝国时期，对波斯羔羊皮的需求量剧增，因此动物饲养教授约阿希姆·库尔（Joachim Kühn）建议，在德国建立一个卡拉库尔绵羊养殖基地。然而这一想法并未真正实施过，但是如果拥有了殖民地呢？1907年，第一批卡拉库尔绵羊到达了德国在非洲西南部的殖民地——斯瓦科普蒙德，即今纳米比亚港口城市。直至今日，纳米比亚仍是卡拉库尔绵羊的重要养殖区之一。卡拉库尔绵羊能够很好地适应干旱的气候。在世界范围内，现存的卡拉库尔绵羊估计有3000万只。

东弗里西亚奶羊

学　名：*Ovis gmelini aries*

德文名：Ostfriesisches Milchschaf

英文名：East frisian dairy sheep

法文名：Brebis laitière frise orientale

加文·莱达（Gavino Ledda）的自传性长篇小说《我父我主》（*Padre Padrone*）的开头是这样写的：加文的父亲进入教室，激烈地对小儿子演说一番，并向其提出要求。父亲在去城里奶场送奶的时候不能把他的绵羊单独留在山上，因此需要小儿子帮忙。在欧洲南部，挤羊奶和做羊奶酪都是牧羊人的工作。而在北欧，直到不久前，羊奶在小农自给自足的经济中只发挥着次要作用。一直到有机农业繁荣起来，这种状况才有所改变。羊奶和羊奶酪越来越受欢迎。尽管在德国农业历史中羊奶具有边缘性，但在北海岸有着三百年养殖历史的东弗里西亚奶羊还是凭借一个哺乳期之内能产 1400 千克羊奶成为了世界上最高效、出色的奶羊种类。它既可以被单独饲养，也可以小群体饲养。产奶量大的前提是体形足够大。东弗里西亚奶羊背高 80 至 90 厘米，体重 100 千克，是所有绵羊中体形较大的一种。这个种类的羊是出口热销产品。它们帮助改善了欧洲南部的奶羊养殖情况。撒丁岛及托斯卡纳地区的佩科里诺干酪也从东弗里西亚奶羊的基因中获益。

欧洲盘羊

学　名：*Ovis gmelini aries*
德文名：Heidschnucke
英文名：German heath
法文名：Mouton de la lande de Lunebourg

在乡土电影《红色是爱》（*Rot ist die Liebe*）中草原诗人赫尔曼·洛恩斯（Hermann Löns）与他的表妹罗斯玛丽（Rosemarie）一起救下了一只小盘羊，以使它不至于溺水。这次经历使他们的关系更加亲密了，尽管如此两人却没有在一起。“罗斯玛丽，罗斯玛丽，我的心朝着你呐喊了七年……”诗人在1914年9月死于马恩河战役，死后经过了漫长时间的漂泊，终于在瓦尔斯罗德附近的迪特林根的一个刺柏林中得到了安宁。这里有趣的问题并不是草原上埋葬的是否真的是他的遗骨，而且这个问题对于在这里吃草的欧洲盘羊来说也是无关紧要的。它们理所应当是这整个风景的一部分，因为没有草原就没有洛恩斯，同样，没有欧洲盘羊也就没有草原。关键的是有角的灰色盘羊。每个人在听到或看到“欧洲盘羊”时都会想到有着黑色的头和腿的毛茸茸的银色绵羊，以及公盘羊头上令人印象深刻的弯曲的角。但是除此之外，也有白色有角盘羊和白色无角盘羊，白色无角盘羊又叫“沼泽盘羊”，因为它们尤其适合生活在潮湿的地区。欧洲盘羊仅以石南为食，因此为了保护美丽的草原不再受人类过度利用的伤害，再也没有比欧洲盘羊更适合的绵羊了。

山地野绵羊

学　名：*Ovis gmelini aries*

德文名：Bergschaf

英文名：Mountain sheep

法文名：Mouton de montagne

棕色山地野绵羊、白色山地野绵羊、克滕恩州眼镜羊（Kärntner Brillenschaf）以及蒂罗尔石羊（Tiroler Steinschaf）都属于山地野绵羊。它们之间非常相似。阿尔卑斯地区历来饲养的本土绵羊是石羊。古老品种的石羊属于高山绵羊，四肢纤细，体重较轻。它们有坚硬的羊蹄，因此攀爬能力出色。19 世纪及 20 世纪初，石羊和贝尔加莫绵羊（Bergamasker Schaf）杂交产生了先进的山地野绵羊。产自意大利北部城市科莫及贝尔加莫的贝尔加莫绵羊是 19 世纪欧洲最多的绵羊品种。公羊重约 160 千克。很引人注目的一点是它们的下垂耳。山地野绵羊有三个共性：长且光滑的羊毛，可以防止雨水渗入皮毛中，显著的向外拱起的羊头以及在陡峭的高山条件下良好的适应能力。它们还能在牛到达不了的山崖和碎石间寻找食物。以前，黑色和棕褐色山地野绵羊不被分开饲养。20 世纪 30 年代，巴伐利亚维滕巴赫家族的路德维希·威廉（Ludwig Wilhelm）下令饲养一群纯棕褐色的山地野绵羊，并用它们的羊毛为猎人们制作职业服饰。

伦山绵羊

学　名：*Ovis gmelini aries*
德文名：Rhönschaf
英文名：Rhön sheep
法文名：Mouton de la Reine

伦山绵羊很独特，不易与其他绵羊混淆。当然人们得清楚应该注意哪些方面。但2007年漫画家亚历山大·齐格勒（Alexander Ziegler）在为一个广告创作漫画作品《伦山希尔德》（*Rhönhild*）时对此并不知情。伦山希尔德是一只绵羊，它的头部直到耳后都是黑色的且无羊毛覆盖，也没有羊角，与伦山绵羊一致，但它的腿也是黑色的。这是一个严重的错误，因此导致了伦山绵羊饲养员强烈的抗议活动。因为伦山绵羊是中欧唯一一个除头部以外全身白色的绵羊品种，包括腿也是白色的。人们正是从黑色的头和白色的腿才能够辨认出它们。19世纪，伦山绵羊就已经从它的发源地扩散至黑森州、巴伐利亚州及图林根州的三角地区了。伦山羊肉作为令人渴求的美味端进巴黎的各大餐厅，美其名曰“出类拔萃的绵羊”。每年有5万至8万只绵羊经过维尔茨堡和斯特拉斯堡运往法国首都。1878年，法国宣布对羊肉进口实行限制，从那以后，伦山绵羊养殖就开始没落了。但最新数据显示，伦山绵羊养殖复苏了，这令人欢欣鼓舞。其原因正是关于伦山希尔德的争论，使伦山绵羊再一次为大众所熟知。如今，在伦山生物圈保护区，即“开放的远方”的市场营销中，伦山绵羊发挥着中心作用。

波美拉尼亚粗毛羊

学　名：*Ovis gmelini aries*

德文名：Rauhwolliges Pommersches Landschaf

英文名：Pomeranian country sheep

法文名：Mouton poméranien

吕根岛是它们的救赎之岛。“二战”后，与所有的本土绵羊种类一样，波美拉尼亚粗毛羊也在走下坡路。绵羊饲养的重点转移到了美利奴羊饲养上，因为美利奴羊羊毛和羊肉产量更高。1945 年以后，只有在西波美拉尼亚（即前波莫瑞）和梅克伦堡出现了针对这种趋势的其他种类绵羊的短暂复兴，当时那些之前不允许被饲养的绵羊开始在这里栖居。决定性的原因是它们的饲养需求较低。移民们没有足够的饲料饲养那些需求较高的绵羊，也许还有一个原因，就是许多来自波美拉尼亚和东普鲁士的难民和被驱逐者想要保护属于他们家乡的一部分。这种易饲养的动物大多被饲养在德国波罗的海地区的小畜群中。这种羊的羊毛底绒细密，而羊毛整体很长，因此非常适合应对各种天气状况。根据 1951 年前波莫瑞的畜牧业普查，波美拉尼亚粗毛羊总数为 127939 只，而三十年后却仅存几百只。在东德，人们也认真思考了基因多样性对于动物饲养的重大意义。在吕根岛上，以仅存的那些波美拉尼亚粗毛羊为基础建立了一个作为基因储备的标本羊群，现在这个羊群里还有约 200 只母绵羊。这个种群现在已经脱离了濒临灭绝的危险。全德现在至少广泛分布着 4000 多只波美拉尼亚粗毛羊。

喀麦隆羊

学　名：*Ovis gmelini aries*
德文名：Kamerunschaf
英文名：Cameroon sheep
法文名：Mouton du Cameroun

喀麦隆羊属于无绒毛羊的一种。这种绵羊没有厚羊毛，只有一层与山羊皮毛类似的“普通”毛皮。作为无绒毛羊的一种，这类家养绵羊能够在热带地区存活下来，位于热带的西非是喀麦隆羊的故乡。它们体形相当小，前背隆起约 60 厘米，重约 40 千克。然而，这类绵羊的肉又具有特别鲜美的野生香味。羊身大部分是浓郁的栗褐色，双腿及腹部有黑色花纹。只有公羊长有镰刀形状的角，大多数情况下颈部也有鬃毛。如果带着敏锐的观察绵羊的目光穿越德国全境，人们就会惊讶地发现，在德国一些地区经常有人少量地饲养这种绵羊。可以不用考虑剃羊毛的费用了。每屠宰一只小羊只能得到不超过 15 千克的羊肉，这并不会使出于爱好养羊的人过于悲伤，就如同世界上极少有母亲能生下双胞胎或三胞胎。喀麦隆羊虽然原产非洲，我们却不能错误地认为它们需要在温暖的地方生活，因为它们能轻松应对中欧的冬天。如若不考虑爱好，饲养喀麦隆羊也是有意义的，它们是没有绒毛的肉羊，有些人能在其身上看到绵羊养殖的未来。

参考文献

Arche Nova. Fachzeitschrift der Vereine und Verbände zur Erhaltung gefährdeter Nutztierrassen
(《濒危食用动物种群维护协会和社团专业期刊》).

Norbert Benecke:
Der Mensch und seine Haustiere. Die Geschichte einer jahrtausendealten Beziehung
(《人类及其家畜：千年关系史》), Stuttgart 1994.

Alfred Brehm:
Brehms Tierleben, Säugetiere, Band 9
(《布雷姆的动物生活》,第 9 册,《哺乳动物》), Hamburg 1927.

Hans Chifflard, Manfred Reinhardt:
Wanderschäferei
《漫游式放牧》, Stuttgart 2013.

Hans Chifflard, Herbert Sehner:
Ausbildung von Hütehunden
(《牧羊犬的驯养》), Stuttgart 2009.

Die Bibel. (《圣经》), Stuttgart 1999.

Gerhard Fischer et al.:
Fotobuch Schafe(《绵羊相册》),
Stuttgart 2011.

Eckhard Fuhr:
Rückkehr der Wölfe. Wie ein Heimkehrer unser Leben verändert
(《狼的回归：如何改变我们的生活》), München 2014.

Bernhard Grzimek（Hg.）:
Grzimek Tierleben. Enzyklopädie des Tierreiches, Band 13: Säugetiere IV
(《格里兹梅克的动物生活：动物王国百科全书》, 第 13 册, “哺乳动物Ⅳ”), München 1993.

Hans Haid:
Das Schaf. Eine Kulturgeschichte
《绵羊：一部文化史》, Wien/Köln/Weimar 2010.

Hans Haid:
Wege der Schafe. Die jahrtausendealte Hirtenkultur zwischen Südtirol und dem Ötztal
《绵羊之路：南蒂罗尔和厄兹塔尔之间几千年之久的放牧文化》, Innsbruck 2008.

Wolfgang Jacobeit:
Schafhaltung und Schäfer in Zentraleuropa bis zum Beginn des 20. Jahrhunderts
(《20 世纪初以来的中欧绵羊饲养

和牧羊人》）, Berlin 1987.

Petra Krivy:
Herdenschutzhunde. Geschichte, Rassen, Haltung, Ausbildung
（《牧羊犬：历史、品种、饲养、培育》）, Stuttgart 2012.

Gavino Ledda:
Padre Padrone（《我父我主》）,
Frankfurt am Main 1981.

Karl Marx:
Das Kapital. Kritik der politischen Ökonomie, Erster Band
（《资本论》, 第一卷："政治经济学批判"）, Berlin 1971.

Jobst Meyer:
Das Soayschaf. Abstammung, Zucht und Haltung eines steinzeitlichen Relikts（《索厄岛绵羊：一具石器时代遗骨的起源、驯化和饲养》）,
Hamburg 2015.

Holger Piegert, Walter Uloth:
Der europäische Mufflon
（《欧洲盘羊》）, Hamburg 2005.

James Rebanks:
Mein Leben als Schäfer
（《我的牧羊人生活》）, München 2016.

Josef H. Reichholf:
Warum die Menschen sesshaft wurden. Das größte Rätsel unserer Geschichte
（《为什么人类定居：我们历史的最大谜题》）, Frankfurt am Main 2010.

Hugo Rieder:
Schafe halten（《绵羊饲养》）,
Stuttgart 1993.

Hans Hinrich Sambraus:
Atlas der Nutztierrassen. 250 Rassen in Wort und Bild
（《食用动物品种图册：250 个品种，图文并茂》）, Stuttgart 1994.

Hans Hinrich Sambraus:
Gefährdete Nutztierrassen. Ihre Zuchtgeschichte, Nutzung und Bewahrung
（《濒临食用动物：饲养历史、用途和保护》）, Stuttgart 1994.
Schafzucht. Magazin für Schaf und Ziegenfreunde
（《绵羊饲养——绵羊和山羊爱好者的杂志》）.

图片索引

第 113-133 页
Illustrationen（插图）von Falk
Nordmann, Berlin 2017.

作者简介：

艾克哈德·福尔，1954年生于德国黑森州，记者、编辑、作家、猎人。福尔曾担任《法兰克福汇报》政治类编辑，主管该报《世界》专栏长达十年的时间，并且作为文化记者为该报工作至2017年。如今，他作为一名作家常居柏林。这位热情的猎人曾出版《狼归来》一书。

译者简介：

罗颖男，博士毕业于北京外国语大学，现任职于北京信息科技大学外国语学院。

图书在版编目（CIP）数据

羊 / (德) 艾克哈德 · 福尔著 ; 罗颖男译 . — 北京 : 北京出版社 , 2024.3

ISBN 978-7-200-13617-3

Ⅰ . ①羊… Ⅱ . ①艾… ②罗… Ⅲ . ①羊—普及读物 Ⅳ . ① Q959.842-49

中国版本图书馆 CIP 数据核字 (2017) 第 310941 号

策 划 人：王忠波　　学术审读：刘　阳
责任编辑：王忠波　　特约编辑：刘　瑶
责任营销：猫　娘　　责任印制：陈冬梅
装帧设计：吉　辰

羊
YANG
[德] 艾克哈德 · 福尔　著　罗颖男　译

出　　版：北京出版集团
　　　　　北 京 出 版 社
地　　址：北京北三环中路 6 号（邮编：100120）
总 发 行：北京出版集团
印　　刷：北京华联印刷有限公司
经　　销：新华书店
开　　本：880 毫米 ×1230 毫米　1/32
印　　张：5.25
字　　数：80 千字
版　　次：2024 年 3 月第 1 版
印　　次：2024 年 3 月第 1 次印刷
书　　号：ISBN 978-7-200-13617-3
定　　价：68.00 元

著作权合同登记号：图字 01-2017-7316

First published in the series Naturkunden, edited by Judith Schalansky for Matthes & Seitz Berlin